走向深蓝

——2020西太平洋
环境质量综合调查

赵化德　李德鹏　郑　楠　王宇宁

齐彦杰　魏雅雯　姚振童　隋吉学　编著

海洋出版社

2021年·北京

图书在版编目（CIP）数据

走向深蓝：2020西太平洋环境质量综合调查 / 赵化德等编著. -- 北京：海洋出版社, 2021.5
　　ISBN 978-7-5210-0764-0

　　Ⅰ. ①走… Ⅱ. ①赵… Ⅲ. ①西太平洋－海洋环境质量－海洋调查－2020 Ⅳ. ①P717.1

　　中国版本图书馆CIP数据核字(2021)第088262号

走向深蓝——2020西太平洋环境质量综合调查
ZOUXIANG SHENLAN
——2020 XITAIPINGYANG HUANJING ZHILIANG ZONGHE DIAOCHA

责任编辑：苏　勤
责任印制：安　淼

海洋出版社 出版发行
http://www.oceanpress.com.cn
北京市海淀区大慧寺路 8 号　　邮编：100081
中煤（北京）印务有限公司印刷
2021年5月第1版　　2021年5月第1次印刷
开本：710mm×1000mm　　1 / 16　　印张：9.75
字数：120千字　　定价：168.00元

发行部：62100090　　邮购部：62100072　　总编室：62100034
海洋版图书印、装错误可随时退换

▌前　言

　　海洋是生命的摇篮、气候的调节器、资源的宝库。海洋是不平静的，她呈现出在波浪、潮汐、涡旋、环流等不同时空尺度的变化，源源不断地输送着热量、盐分和营养物质，维系着地球的生命系统和气候系统。在我们国家东海的外侧，有一支常年向北的暖流——黑潮，这支暖流离开东海陆架进入日本沿岸，最终在北纬35°左右离开岸界，形成东向的延伸流动，构成了全球海洋动力过程最为复杂的区域——黑潮延伸体。2011年3月12日，在西北太平洋沿岸发生了一件震惊世界的事情——日本福岛核电站发生了泄漏！大量核废水进入海洋，在黑潮延伸体强劲海流的作用下，向外扩散，在给日本造成重大灾害的同时，也影响着周边国家。

　　中国作为西太平洋沿岸国家，也面临着核辐射污染的危险。因此，国家海洋局组织了持续性的跟踪监测。随着国家行政职责的调整，2020年，受生态环境部的委托，国家海洋环境监测中心承担了西太航次任务，2020年6月9日至7月16日，国家海洋环境监测中心的8名考察队员与兄弟单位35名考察队员一起，搭乘中国海洋大学"东方红3"船，前往西太平洋，进行了为期38天的监测工作。

本书是国家海洋环境监测中心 8 名队员亲身感受的记录，收录了队员们自己拍摄的海量照片和小视频，原汁原味地展现给读者，让去过大洋的人回忆大洋生活，带领没去过大洋的人游览大洋，特别是增加了相关知识点，可以让没有见过大海的内陆青少年朋友们了解海洋，认知海洋，热爱海洋。

本书源自美篇"西太航次"和国家海洋环境监测中心公众号上连载的系列报道"走向深海"，由 8 名队员集体撰写，其中的照片是作者现场拍摄的，由李德鹏和齐彦杰整理，小视频（扫二维码可观看）由郑楠和魏雅雯整理，本书知识点由王宇宁和姚振童整理，航次首席赵化德负责全书的总体把关，隋吉学负责全书的统稿工作。

全书分为 8 篇，前 7 篇为日记，记载了本航次 38 天的点点滴滴，第 8 篇为作者的个人感想。

感谢中国海洋大学陈朝晖教授对我们工作的支持和对本书的把关。

大洋是浩瀚的，我们的记录是点滴的、片面的，难免有不当之处，敬请广大读者谅解。

作　者

2020 年秋　大连

┃目　录

第四篇　景色篇

第五篇　马里亚纳海沟篇

第六篇　返程篇

第七篇　结束篇

第八篇　感想篇

第一篇 准备篇

西太——西太平洋，一片向往已久的浩瀚海洋，今天，终于有机会去亲自体验一下了。

2020 年 6 月 9 日下午 3 点，伴随着一声悠长的汽笛声，"东方红 3"科考船徐徐驶离青岛港码头，奔向西太平洋。预计 2020 年 7 月 16 日返回青岛。

预祝本航次顺利！预祝 38 天西太监测工作顺利，海上生活开心愉快！当然，最最重要的是祈求老天爷在未来的 38 天里，让西太平洋海域风平浪静！

科考船起航的激动与喜悦之情溢于言表，然而船只起航却并不是一个科考航次的起始，略去前期

西太平洋

❀ 位于五大洋之一太平洋的西部，本次调查的重点落在北纬 30° 至 40°、东经 145° 至 150° 之间的海域，也是部分黑潮及黑潮延伸体所处的海域。

繁忙的筹备联络任务，科考任务执行的开端要从 5 天前说起。

2020 年 6 月 4 日　出征会

下午，国家海洋环境监测中心（以下简称"海洋中心"）召开航次出征会，党委副书记、中心主任关道明研究员向考察队临时党支部授旗，并对即将开始的西太航次提出了要求和殷切期望。

考察队由 8 名队员组成，首席为大帅哥赵化德博士，骨干力量为化德团队的年轻人、郑楠、魏雅雯、王宇宁和姚振童，他们有着丰富的大洋科考经历，可以说是兵强马壮。另外，还有 3 位外援——有过西太科考经历的李德鹏、环境科学专业的女博士齐彦杰和一位没经验还晕船的老同志隋吉学。

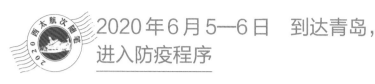

2020年6月5—6日　到达青岛，进入防疫程序

中午，搭乘 MU2518 航班飞青岛，海洋中心副主任韩庚辰亲自到机场为我们送行。抵达青岛后，中国海洋大学的中巴车把我们送至蓝海大饭店，航次首席、中国海洋大学的陈朝晖教授和海大船舶中心主任王毅在酒店门口迎接我们。入住后不久，根据防疫要求，来了一位医护人员到每个房间为我们进行核酸鼻咽拭子采样。第二天下午，进行了第二次核酸检测采样，完成了上船前的防疫工作。

2020 年 6 月 7 日　登船

早上 8 点离开酒店，8 点半到达青岛奥帆中心码头，浓雾之中，"东方红 3"船朦朦胧胧出现在我们眼前，她将载着我们遨游西太平洋。

全船共有 61 个住舱，其中 4 层甲板的 6 间房归属海洋中心的考察队员，一个大房间（417），4 层甲板右舷最前方的一个房间，门口挂着"师生领队"的牌子，有 2 个房间每间住 2 个人，其余 3 个房间每个房间住一个人。未来 40 天，这就是我们的家了。

"东方红 3"船

❀ "东方红 3"船是一艘 5000 吨级新型深远海综合科学考察船，以培养深海大洋创新型人才为首要任务，集科学研究、科学考察、高新技术研发应用为一体。该船总长 103.8 米，宽 18 米，全球无限航区航行，海上自持力长达 60 天，可连续航行 15 000 海里；载员 110 人，其中含 82 名科考人员，甲板作业面积和实验室工作面积均超过 600 平方米。该船是目前世界上最安静、定员最多、经济性、振动噪声、电磁兼容等指标要求最高、作业甲板和实验室面积利用率最大、综合科考功能最完备的新一代海洋综合科考船。

中午吃面条——上船面，配大樱桃，礼
仪之邦，讲究！

为了疫情防控的需要，晚餐实行两班制，
今天日期是单号，房间号是单数的队员先吃，
四菜一汤，馒头米饭，一块西瓜。

晚饭后，大家把整个航次个人的饮用水
搬进自己的房间。船上有饮用水专用的储水
箱，因长期存放会使口感略差，为提高生活
质量，船方给大家额外提供了瓶装水。

搬完水以后，到楼下把带来的实验用物资从后甲板上搬到实验室里。所有物资都是用统一的出海箱子装好的，很整齐，箱子上贴着单位名称，看着就舒服，是国家级中心该有的样子！

箱子不少，有 100 多个，大家齐心协力，女队员劲小，一次搬一个，男队员劲大，不是太重的，一次搬两个，一直忙活到晚上 10 点钟，安全地把所有箱子搬进了实验室，人人都是大汗淋漓。负责实验室工作的队员马上开箱安置设备，检查所带物资是否齐全，如果有遗漏，趁着还没有离岸可以进行补充；同

时，在船开之前要把实验用的仪器设备固定好，防止船舶摇摆损坏设备。队员们一直忙到半夜才基本就绪，第一天上船就很辛苦。

船还靠在码头，风平浪静，感觉不到一点晃动，与在陆地上的感觉没有什么区别。

晚安，好梦！

早饭有豆奶、稀饭、面条、油条、馒头、煮鸡蛋和小咸菜等，比较丰富。听有大洋航次经验的同志说，船上的蔬菜都是冷藏的，随着航次时间的增加，蔬菜会越来越少。因此，大洋航次要特别注意补充维生素。

8点多钟广播通知大家去食堂做核酸检测，进行鼻咽拭子取样检测，至此，完成了出航前的所有检测。

10点钟，因为疫情的原因，中国海洋大学分管副校长在码头上为考察队送行。大概10点半船舶开始解缆，准备离开码头。25分钟后，船舶离开港口。不知道什么时候雾又起来了，船前雾蒙蒙一片，什么也看不见，这艘船噪声很小［具有静音科考级（SILENT-R）证书］，感觉不出来船在走航。

静音科考级（SILENT-R）证书

挪威船级社（DNV GL）成立于1864年，是世界领先的船级社之一，其声学部是国际上公认的对科考船水下辐射噪声测量与评价的权威机构，针对不同功能的科考船共有5个等级的水下辐射噪声评价标准，其中SILENT-R是对综合科考船水下辐射噪声的评价标准，也是这5个等级中最高等级的评价标准。挪威船级社所颁发的船舶水下辐射噪声最高等级——静音科考级（SILENT-R）认证证书，证明"东方红3"能出色地控制其产生的船舶水下辐射噪声，为科学家提供一个优良的船舶静音环境，保障了科研数据的真实可靠性。

昨天船上发了板蓝根，是为了预防感冒吧，今天又发了连花清瘟胶囊，疫情期间，最怕感冒！

船上大厨很有艺术细胞，中午用时令蔬菜和水果做了一棵树，很漂亮！喜欢吃水果的多拿点水果，喜欢吃蔬菜的就多拿点蔬菜，很有创意！漂亮还实用！

睡梦中听见锚链"哗啦""哗啦"的声音，出来一看，船在青岛外面的锚地抛锚了，依然可见陆地的高楼大厦。现在时间是下午1点，从码头到锚地，航程2个小时。

下午3点前后，加油船靠上我们的船，送过来一条加油管。"东方红3"船和加油

船各派一人，通过两个竖管（井），用专门的油尺测量油船油舱里油面高度，估计是加完油以后，再测一次，以此算出这次的加油量。远处看见一人手里拿着一个带塑料皮的小本子，难道是用来记录加油量的？不会还这么原始吧？实际上，是双线操作。有电子流量计，如果电子流量计和手动测量在误差范围内，则以电子流量计为准，如果两个数差异太大，超出了误差范围，则要重新测量。手工记录的只是船方自己留个底，一来看对方是否诚实，二来看流量计是否准确。

2020年6月9日 起航

　　早上8点半靠青岛港，9点开始联检。先是卫生检疫部门测体温，检查两次核酸检测结果；然后是海关检查护照；最后是边防对照护照看人脸。至此终于完成了开航前的全部工作，下午3点左右，正式开航！

　　出发，驶向深蓝！

联检空隙，拍了几张合影，小朋友们准备了条幅、旗子、牌子，小李哥还带了无人机！很有仪式感。

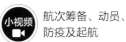

小视频 航次筹备、动员、防疫及起航

现场科考

❧说起科学研究，给人的画面往往是在干净整洁的实验室内，身着实验服的科研人员操作着精密的科学仪器。然而对于部分自然科学的研究人员来说，为了获得新鲜可靠的第一手数据，他们需要离开实验室，亲临现场，或走入深山，或行至远洋，架设仪器，采集样本，不仅过程艰辛，在临行前还需要仔细准备，以便应对各种可能发生的情况。

下午 2 点钟，召开了外业期间第一次临时党支部会。

2020 西太平洋环境质量综合调查项目临时党支部外业期间第一次支部会议（扩大）
2020.6.9

晚饭后，在后甲板上（前甲板关闭了，不知是航行时关闭，还是因天气情况临时关闭）散步，突然发现海上有一小片绿色，后来陆陆续续又看到很多，原来是浒苔又来了（有一种说法，浒苔是因为江苏海域养殖海菜，形成浒苔，漂到青岛海域），估计等我们回来时，青岛海域的海面又将变成"草原"了。

做海洋环境监测是一件费时费事费力费钱的事情。首先要有船；其次，要有采样设备；然后，得有分析设备。随船的设备要装箱，运到船上，安装调试，最后还要将它们五花大绑，

浒苔

❀绿藻门石莼科的一种藻类，中国约有 11 种。分布广泛，甚至在半咸水及淡水也有发现。近年来由于淡水排放，水体中营养物质过剩，使得春末夏初之际，中国近岸多次出现浒苔暴发，大量浒苔漂至岸边，远远望去，好似一片草原。然而浒苔的暴发并非好事，不仅会阻塞海上交通，还会破坏海洋生态环境。

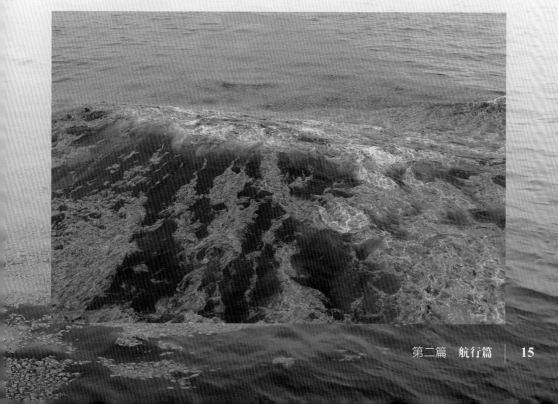

防止仪器摔落。人晃吐了，照样得干活，仪器摔坏了，这个航次就白跑了，所以，一定要绑结实了！

2020年6月10日
科考数据发布系统

昨晚船一直小晃，但没影响睡觉，只是夜里醒过几次，总体感觉还是不错。昨晚看天气预报，这几天东海海域风都不大，估计在到达大隅海峡之前，船应该不会太晃，可以让大家适应两天。

"东方红3"船配置了科考数据 Web 发布系统，实时显示船舶航行信息、天气海况和采样设备的情况信息，还可以使用手机或计算机通过内网实时查询。现在（6月10日早上5点）船舶走在盐城、南通之间与韩国光州的连线上。

船上实现了网络全覆盖，只是网络流量有限，每个人每天定量供应网络流量，网络质量一般，不能看视频，不能语音通话，但微信文字聊天基本没问题。

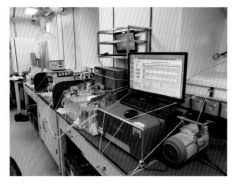

科考数据发布系统

🖋对于海洋研究来说，无论研究方向如何，都需要了解实时的经纬度、水深、海况等物理参数，也称之为基础参数。科考数据发布系统的出现，不仅能让科研人员获得实时数据，也能让他们了解船上设备运作情况，以便更好地规划科研工作。

2020年6月11日　穿越第一岛链

凌晨1点被晃醒了，外面狂风呼啸，船摇摆得很厉害，不时还有"咔嚓"声传来，晕船的人开始冒汗，感觉不舒服。看航迹图，正走在韩国、日本之间的对马海峡的西面。

上铺的队员为了晕船呕吐准备的垃圾袋

晃晃悠悠，似睡非睡。快到早上6点的时候，一声"哗啦啦"的响声把老隋惊醒，起来一看，冰箱门被晃开了，里面几瓶玻璃瓶的饮料被甩了出来，把放在冰箱前面的一个木制椅子坐板砸掉了一块，可惊奇的是玻璃瓶竟然没摔碎！

6点钟，暖男德鹏扶着墙过来看望老隋，到一楼实验室拿了胶带把冰箱门粘上。有爱的小李哥！

天亮了，看外面，风急浪高，海面到处翻涌着白色的浪花，这说明海况已经很差了，晕船的滋味真不好受！迷迷糊糊躺了一上午，午饭前，海况好

海况

❦海洋水文观测中，由风浪或涌浪引起的海面外貌特征。根据可视范围内的波浪形状、破碎情况、浪花泡沫等特征，可将海况划分为10个等级，由低到高表示为0～9级，分别称为无浪、微浪、小浪、轻浪、中浪、大浪、巨浪、狂浪、狂涛、怒涛。

0级海况海面光滑如镜，或只有涌浪存在；1级海况浪高0～0.1米，波纹或涌浪和波纹同时存在，微小波浪呈鱼鳞状，没有浪花；2级海况浪高0.1～0.5米，波浪很小，波长尚短，但波形显著，波峰不破裂，无显著白色；3级海况浪高0.5～1.25米，波长变长，波峰开始破裂，浪沫光亮，有时可见白浪花，其中一些海面形成连片的白色浪花；4级海况浪高1.25～2.5米，波浪具有明显形状，到处形成白浪；5级海况浪高2.5～4.0米，出现高大的波峰，浪花占了波浪上很大的面积，风开始削去波峰上的浪花；6级海况浪高4.0～6.0米，波峰上被风削去的浪花，开始沿着波浪斜面伸长呈带状，有时波峰出现风暴波的长波形状；7级海况浪高6.9米，风削去的浪花带布满了波浪斜面，并有些地方达到波谷，波峰上布满了浪花层；8级海况浪高9～14米，稠密的浪花布满波浪斜面，海面变成白色，只有波谷某些地方没有浪花；9级海况浪高大于14米，整个海面布满了稠密的浪花层，空气中充满了水滴和飞沫，能见度显著降低。

了许多，白浪花少了，人也感觉舒服了许多。去餐厅，吃了一点米饭，两块南瓜，一些生的青菜，还有几块羊肉，一根香蕉！感觉不错，又活过来了！第一次考验通过了！

吃完饭回来继续睡觉，到下午2点的时候，接到短信通知，漫游到日本了，在海上漂了2天，神游了两个国家（之前曾漫游过韩国）！

后来听说，正是这漫游，回来的时候，健康码可能会变成黄码甚至红码！无知的代价！

下午海况好转，基本上不晕船了。去甲板上看看，乌云密布，海水也被染成了墨色。右手方向有个小岛，应该是日本的，天气不好，看不清楚。没什么好看的，趴船舷拍浪花，这里的浪花有一种青绿的颜色。

深色海水与黑潮

🐚海洋如同人体，人体通过血液循环将氧气与营养物质输送到身体各处，大洋则通过洋流——海水的大规模稳定定向移动，将热量与物质输送至海洋各处。这个区域，黑潮是众多大洋西边界流中的一支，又称日本暖流，是世界著名暖流之一，具有温度高、盐度高、流速快的特点。黑潮是北太平洋西部流势最强的暖流，为北赤道暖流在菲律宾群岛东岸向北转向而成。主流沿中国台湾岛东岸、琉球群岛西侧向北流，直达日本群岛东南岸。在台湾岛东面外海宽100～200千米，深400米；流速大时每昼夜60～90千米。水面温度夏季达29℃，冬季达20℃，均向北递减，至北纬40°。附近与亲潮相遇，在盛行西风吹送下，再折向东成为北太平洋暖流。黑潮之所以称之为黑潮，是因为它较其他海流有着更深的水色，所以就会看到文中青绿色的浪花。

大概晚上 7 点半的时候（北京时间），我们的船沿着大隅海峡穿过第一岛链，进入日本东面，可惜天黑，什么也看不见，但愿回程的时候是白天！

大隅海峡

❀ 位于日本九州岛与大隅群岛之间，大体呈东南－西北走向，是第一岛链中重要的水道，也是中国通往西太平洋的重要航道，日本规定大隅海峡等 5 条水道为特殊水域，领海宽 3 海里，中间为国际航道，各国船只均可自由无害通行。

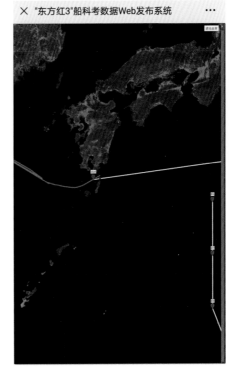

"东方红3"船科考数据Web发布系统

2020年6月12日　微塑料走航试验

凌晨3点，在百度地图上查看了大隅海峡附近岛屿分布，勾画出昨天晚上穿越第一岛链的航迹，感觉昨天模模糊糊看到的小岛就是屋久岛左上方的小岛。今天在日本东南海域航行，据说明天能够到达第一个站位。

天气继续阴沉，偶尔有雨，海面不时有白浪花。

早上去看德鹏做微塑料走航试验。走航期间，每天两次取海水样品以检测其微塑料的含量。经由船舶泵水管路将次表层海水采集上来，通过流量计计量采样体积，用三种不同孔径的网筛过滤次表层海水，收集次表层水体中微塑料，达到预定体积后，将不同孔径的筛网上的样品收集到滤纸上，冷冻保存，带回实验室分析。

微塑料

❦ 直径小于5毫米的塑料碎片或颗粒。自微塑料概念提出以来，人类已经在海洋水体、沉积物、生物体内等多处发现微塑料的痕迹。因为微塑料难以降解，通过生物富集等方式，聚集于人体中，对人身产生难以估量的危害。

看，小李哥多么认真！多么专注！酷！

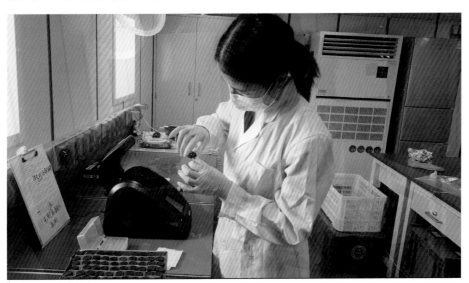

颇为专业的齐博士！

走航采样

🌿在海洋科学中样品采集可以大致分为两类：定点采样和走航采样。定点采样就是提前确定采样位置点的经纬度，到达固定位置点后，停下船舶，开始采集样品。而走航采样就是在船舶行进中，一边移动一边采集样品。相较定点采样，走航采样精度偏低，但是能覆盖面积更广的调查区域。

2020 年 6 月 13 日
出现日本飞机

雨终于停了，偶尔还有点阳光。据说今天傍晚将到达第一个浮标站位。浮标队的人全体出动，开始做各项准备工作了。

下午 2 点半左右，有两架日本飞机分别绕船一周，第一架没来得及反应拍照，飞走了，第二架也拍得不清楚。

天空终于露出一点蓝色，出来这几天，第一次看到蓝天，还只是一小块！

现场采样与突发情况

❧海上情况瞬息万变，在计划之初无法预料到调查进行中的全部事件。像这种抵达调查站位后，发现风急浪高无法作业的情况也是常有的，这时就需要随机应变，调整站位顺序，尽可能地在所有调查站位采集到样品。

小视频　航行期间景色

不好的消息，今晚将进入大浪区！

下午 5 点的时候，太阳终于出来露了个笑脸，10 分钟后又藏到乌云里去了。

晚上 7 点，召开工作协调会。因第一个站位的美国浮标已经脱缆跑了，所以原定的这个站的工作就取消了，直接奔第二个站。明天早上 5 点半前后会到站，收潜标，采水样。这个站原本没有我们的任务，经工作组讨论后决定临时增加这个站位的监测工作。

第三篇 工作篇

2020 年 6 月 14 日　维护潜标

　　早上 6 点前后到了站位，寻找潜标，一开始用一台小一点的无线发射设备找了一会儿没找到，又换了一个大的，很快就发现了目标，启动释放程序，过了一会儿，在右前方发现浮球，船慢慢靠近浮球，打捞浮球，然后开始回收潜标。这里的水深近 6000 米，回收过程需要好几个小时。

　　这个潜标是中国海洋大学 2015 年布放的，已经维护了 5 年，获取了大量的数据，也烧了不少钱。从水面往下每隔特定的层次都有浮球及物理水文测量设备，层间用特制的绳子连接，绳上装有温度传感器。

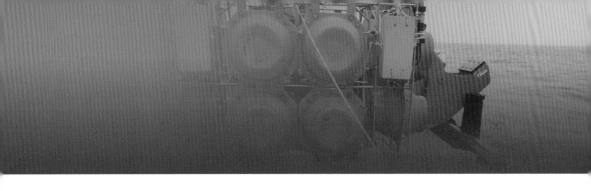

潜标与释放器

❧潜标指有一端固定于海底，在海面以下长期观测海洋环境的系统。通俗地说，潜标就像一个拴在海底的气球，底端固定在海底，中上端拴着足够带起潜标观测设备的浮球，其间穿插固定着海底水文参数观测设备。当科考船抵达潜标附近时，发出释放指令，潜标便脱离海底，带着观测设备和一年以来的观测数据上浮至海面。不同于浮标，潜标没有浮于海面的标体，使得潜标的回收难于浮标。因为浮标可以通过海面上的标体进行卫星定位，而潜标只能通过布设时记录的位置和释放后漂浮在海面的浮球寻找。

潜标能否顺利上浮，与安装在其上的释放器息息相关。每个释放器都有自己的唯一编号。需要释放时，先将甲板单元的声学部分放入水中，然后像打电话一样输入释放器唯一编号，释放器声学部分发出声音信号，与释放器取得联系，再进行释放的操作。释放器甲板单元不仅可以控制释放器的释放、唤醒与休眠，还可以测量甲板单元与释放器的距离，这也是定位潜标的重要手段之一。

潜标上附着有海洋生物，本航次发现了一种珍稀的生物——鹅颈藤壶。据说其价格很贵，不能人工养殖，西班牙人特别喜欢吃。

上午我们试了一下渔具，要采集生物样品，只能是自己钓了。摆着架势，拍了几张照片，可什么也没钓到。鱿鱼是趋光性生物，晚上在灯光的照耀下，鱿鱼就趋光而聚，而白天是钓不到鱿鱼的。

今天海况不错，担心的大风没到，偶尔还有点阳光，海面比较平静。

　　请教专家，如何布放潜标：船慢速前进，首先把最上层的潜标放到海面上，接着放第二层……都放完了以后，船拖着各层潜标航行，最后，把 1.8 吨的混凝土墩放下去，它往海底沉的过程中，使各层潜标沿水深依次站立起来，再进行测试，确认布放成功，船离开。

　　浮潜标与底座之间用释放器连接，收浮潜标时，在船上发出释放指令，释放器卡扣打开，浮潜标与底座分离，浮球在浮力作用下，浮出水面。为了保险，一个底座并联 2 个释放器，任何一个正常打开就能完成释放。每个释放器 10 多万元人民币。

　　因为 CTD 出现故障，耽误了时间，第一个站位结束的时候已经晚上 8 点多了，今晚赶到第二个站位会比较晚，需要连夜完成采样，第一天作业就很辛苦。

现场观测设备

    🌿 虽然浮标与潜标在构造上有所差异，但是主要的观测仪器都是同一类，即温盐深剖面仪（CTD）与声学多普勒流速剖面仪（ADCP）。

    温盐深剖面仪（CTD）能够测量海水中的电导率、温度、压力三个水文参数，并据此推算出海水的盐度和深度，这些参数是展开各种各样海洋研究的重要基础。

    声学多普勒流速剖面仪（ADCP），是通过向海洋发射声波，以测量海水中海流流速的仪器。通过在浮标、潜标上装载它，海洋科研工作者可以了解不同时间尺度上海水流动速度的变化。

　　昨晚的工作持续到今天凌晨1点半结束。采样完成后需要马上进行样品处理，诸如加固定剂、过滤等，甚至有的样品采集后要马上进行测定。

　　为了躲避大浪区，调整站位顺序，这个站位结束后，直接奔向最北面的站位，因此，今天全天跑路，没有采样及浮标收集工作，小伙伴们正好有比较充裕的时间完成之前站位的样品前处理及测定工作。

　　今天一天船都很晃，主要是涌大，船摇摆得厉害，不知道到站的时候，CTD 能不能下放。最好能把沿路站位做掉，以节省时间。

　　晚上9点20分前后到达 D2 站，下CTD，采深度为100米，500米，1000米的三层水样，采完水样快深夜12点了，中心科考队员们再进行后续处理工作，估计凌晨2点才能睡觉，真是辛苦！

　　🍃因为温度、盐度、深度都是海洋调查的基础参数，调查采得的每份海水样品必须配合温、盐、深三种参数才能得以展开研究，所以每次采水瓶都会和CTD 一起放入海中采集样品，久而久之人们就将下放采水瓶与 CTD 采样，简称为下放 CTD。

　　船一停，不采水的队员开始采集生物样，钓鱿鱼，还是没有钓到，船上其他单位的科考队员钓到了一条大鱿鱼。鱿鱼刚钓上来的时候还忽闪忽闪地泛着荧光，不一会儿就开始吐墨，身体慢慢变硬了，这是迄今为止唯一的一件生物样品。

前面介绍过"东方红3"船有动力定位系统，今晚体会到其强大功能了。本来船很晃，担心无法作业，哪知道到了站位停下来后，船很稳，基本不晃了，晕船症状立马消失了。

郑楠组织做了一个第一个站位作业的小视频，傍晚的时候发给领导，晚上9点多，收到了分管部长的慰问！感叹地球真的成为一个大村庄了，从遥远的大洋上发出的信息，几个小时后就收到了来自北京的问候！

 CTD 作业视频

2020 年 6 月 16 日 D1 站和 D10 站

早上 4 点钟，从窗户看外面，有阳光了！这一晚睡得不错，人感觉舒服多了，船也不太晃了，整个人又活过来了！

今天有两个站位的工作，会是很忙碌的一天。

中午 12 点到了 D1 站，这个站是距福岛最近的一个站位，也是采三层水样，还进行了表层微塑料拖网采样。下午 3 点半结束了这个站位的工作。

晚饭的时候，坐在餐厅，隔着窗户，第一次看到夕阳下，太阳从乌云中出来，露了个脸，又跌落到乌云里。因为有 2 小时的时差，下午 5 点半，太阳就落了。

这里比较偏北，气温不到 20℃，有点凉。大概夜里 11 点能到达 D10 站，那里是本航次最北面的站位，估计会更冷。

晚上 9 点半到了 D10 站，气温 16.6℃，感觉很冷，钓了 1 小时鱼，全船钓鱼的人都颗粒无收！

后来德鹏发现远处有艘钓鱼船，大概鱿鱼都到那边去了。

　　早上醒来，感觉很平稳，外面大雾。查看了一下航迹图，已经到站位了，今天这个站位没有我们的作业任务。这个站位和昨天晚上的站位纬度相同，气温也是 16℃ 多，继续冷！

　　早饭后去甲板，一会儿，太阳出来了，晴空万里，真是难得！登船 10 天，第一次见到太阳，享受阳光！心情大好！今天也是未来 1 个月倒计时的开始，预示未来 1 个月风平浪静，顺顺利利！

目睹了寻找浮标的不容易，今天这样好的海况，找了几个小时，才找到浮球。中间还出了个小插曲，以为是发现了浮球，到跟前一看，是个漂浮的救生圈！据实验室主任讲，在海上勉强可以看到3千米远，真是大海捞针！

找到浮球，船慢慢靠上去，这个时候最怕浮球后面的绳子压到船下，如果把绳子割断了，这个浮标就找不到了，因为浮球与浮标之间的连接绳子有8500米长！

"东方红3"船船长蒋六甲很有经验，他是从"东方红1"船开始经过"东方红2"船，一路走来，海大的浮标都是经过他的手收放的。他站在船尾，手持对讲机，指挥驾驶室的大副，成功地绕开绳子，把浮球捞了上来！

接下来，开始收绳子，科考队雇的作业工人都很有经验，把绳子盘得很有艺术感。据实验室主任说，把绳子全部收回来得3个小时。也就是说，至少还得3个小时浮标才能回到船上！

中午睡了一觉，醒来去后甲板，想看看捞上来的大浮标长什么样，找遍后甲板也没看到浮标，只有4盘绳子，问一位老师，说是浮标丢了！又问首席，说是在距离浮标200米处绳子断了，浮标丢了，现在根据铱星信号再回去找找，不知道能不能找到。

干海洋的成本真大，风险也大！

皇天不负有心人，根据卫星信号，用雷达扫描，竟然找到了浮标！但是，如何把浮标吊到船上，却是个难题，一下午整了 3 个小时，用尽了各种办法，3 次起吊，都没成功，而且，3 米高的大浮标，非常危险，简直可以说是惊心动魄！我们站甲板上看的人心都跟着提溜起来！

浮标上面的传感器损坏了好几个，听首席说，主要是浮标上还有 200 米电缆，这个非常值钱，希望能够收回。根据情况分析，电缆是被途经渔民或者网具切断的。

浮标

一种一端固定于水底、一端浮出水面的设备。通常的浮标是用于指示航道，区分危险水域。在海洋科研中，浮标是作为一个现场研究平台而使用，在浮标海底与海面两端之间的缆绳上，科考队员们安装上各种各样的监测仪器，使之能够监测海洋中不同深度的水文状况。现在队员们要做的是准备好新的浮标，在到达站位回收旧浮标后，同位置布设新浮标，开启新一年的监测任务。

第一次看到了夕阳西下。

晚饭后，船长想办法把浮标底部露出来，穿上钢丝绳，终于把浮标吊上来了！底部附着着密密麻麻的藤壶！首席开玩笑说，这些藤壶的价值比损失的仪器设备高。

北海道渔场

　世界四大渔场之一，其他三个为纽芬兰渔场、北海渔场、秘鲁渔场。北海道渔场是由黑潮和亲潮交汇产生，自北方而来的亲潮携带了大量营养物质，与自南方而来的温暖的黑潮交汇，就产生了温度适宜、饵料丰富、鱼类众多的北海道渔场。本航次的调查区域正好落在北海道渔场的边缘，于是我们计划捕捉北海道渔场中数量较多的太平洋褶柔鱼（即鱿鱼），作为此次航次的生物样品进行分析。

小视频
浮标周边生物：
藤壶及鱼群

今晚海钓开张了，先是德鹏钓上来1条鱿鱼，后来老隋钓上来3条，很开心！没想到在西太平洋上完成了人生的第一次海钓！谢谢助人为乐的鱿鱼！今天也是第一次知道，鱿鱼的须子可以缩进肚子里，鱿鱼刚钓上来会吐墨，会变色，会吹气，鱿鱼会叫，也咬人。

早上起来晴空万里，天上没有一丝云彩。6点半到后甲板，浮标队已经把新浮标放到海里了，只赶上看最后放基座。

放完浮标后，接着放另一设备——波浪滑翔器。其水下部分是一个滑翔板，水面部分是一个太阳能板，里面不知道装了什么仪器，中间用一排电缆连接，这个设备布放操作比较简单，一共4套，很快放完了。船长说过去曾放过这个设备，浪大的时候，连接电缆会缠到上面的设备上，然后就不好用了，有点像小孩出生时，脐带绕颈。

船长领我们看了昨天费了九牛二虎之力捞上来的浮标。原来浮标上面

波浪滑翔器

❧一种用波浪作为前进动力，使用太阳能供给通讯及观测仪器能源的海上观测平台。波浪滑翔器续航能力与生存能力强，搭配不同的海洋观测仪器，可进行大范围、远距离的观测，甚至可以将它布放在台风等危险海域执行观测任务。

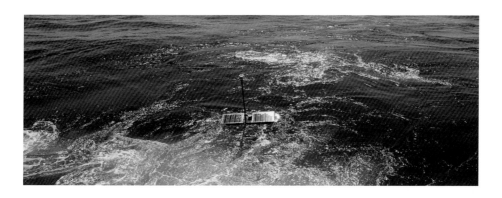

的吊环是铝合金的，浮标底部附着了1吨多重的藤壶（藤壶体内90%是水），因此，按照浮标自身1.5吨重量设计的吊环强度不够，起吊的时候吊环断裂了（论设计安全系数的重要性），本来很简单的事，费了好几个小时才捞上来。由此确信，搞设计的人，一定要有实践经验。

茗荷

❧浮标上生长的密密麻麻的贝类就是茗荷。茗荷属于节肢动物门甲壳动物亚门蔓足纲围胸目，与礁石上生长的藤壶是近亲，分布广泛，固着于海洋漂浮物上。这个站位的浮标上的茗荷数量如此之多，也与浮标位于黑潮延续体有关。黑潮延续体是黑潮在日本东侧转向而成，其水文动力复杂，拥有众多中尺度涡旋结构，同时毗邻亲潮，营养物质丰富，致使该站位茗荷的数量极多。

因为浮标作业难度较大，作业时间比预计拖延了几个小时，预计微塑料拖网作业要等到晚饭后。担心因为日落后海表浮游生物量陡增而导致微塑料拖网作业失败，队员们从下午就一直在密切观察着。虽然作业时太阳并未完全落下去，但是丰富的浮游生物还是把网具撑爆了，没有拖回样品，损失了一组网具。

塑料拖网采样器是一个小型双体船结构的漂浮拖网，网口位于船体前方，连接一个孔径 300 微米的丝质网具，网衣长度为 2 ～ 3 米，网口处放置流量计用于计算进网水量，网末端为网底管，用于收集海面水中的微塑料。

微塑料采样一般在水质采样结束后进行，采样船速 3 节，将采样器连接缆绳，用后甲板的 A 夹将网吊起下放至尾流不影响的区域，拖网时间不少于 10 分钟。网具回收后用淡水反复冲洗，将网内样品冲洗至底管后，转移至样品瓶后冷冻。

（1）船舶到达预定站点前，减速至 3 节迎风航行。作业组长与驾驶室确认船舶状态，船速基本稳定后方可投放微塑料采样器。

浮游生物的昼夜移动

❀在海洋中，部分浮游生物会因躲避捕食者、回避强烈的阳光直射，而出现昼夜垂向移动的现象。即在白天时浮游生物下潜至较深水层，而在夜间上浮的现象。

（2）采样负责人打开网底管底端，止荡人员将采样器进行止荡，作业组长指挥用 L 架和绞车将采样器平稳移出船舷，采样负责人将网衣送出船舷外。

（3）作业组长通知驾驶台打开消防水，采样负责人自上而下反复冲洗网衣外表面，网衣冲洗干净后，关闭网底管底端，再次自上而下反复冲洗网衣外表面和筛绢套，将网衣收回甲板，打开网底管活门，将空白样品收集至玻璃样品瓶，旋紧网底管，作业组长通知实验室记录流量计起始数值。

（4）作业组长指挥将 L 架外摆，同时把网衣送出船舷，下放采样器；当采样器到达水面时，撤回止荡钩，作业组长通知实验室记录采样器下放时间、船位、风速、风向等信息。

（5）采样器入水后继续放缆至合适长度，使采样器在海面呈自然漂浮状态，作业组长通知驾驶室保持 3 节左右速度航行拖网 10～15 分钟。

（6）拖网结束，回收采样器至出水时，作业组长通知实验室记录船位和时间。

（7）将采样器回收至舷边，采样负责人用消防水自上而下反复冲洗网衣外表面，将网衣回收到甲板，打开网底管活门，将样品收集至玻璃样品瓶；再次关闭网底管活门，用洗瓶中的纯净水反复多次冲洗筛绢套，将样品全部收集至玻璃样品瓶。

（8）作业组长通知实验室记录流量计数值，通知驾驶台后甲板作业结束，关闭消防水，恢复正常航行。

拖网采样

❦ 指在船尾或船侧，拖曳捕获网，利用船速迫使目标物进入网中达到捕获目的的采样方式。一般来说，在海洋研究中这种采样方式多用于生物捕获，但是可以通过改变拖网的材质和网孔的大小来调整目标物种类。此次我们捕获的不是生物，而是微塑料。

 微塑料采样：走航及拖网

（9）作业人员将微塑料采样器固定牢固。采样负责人将样品瓶带回实验室，冷冻保存。

停船下 CTD，我们开始去钓生物样，海面上全是浮游生物，也不知是浮游生物太多把鱿鱼喂饱了，它们都回家睡觉了，还是这个区域根本没有鱿鱼，才有这么多浮游生物，反正是海面上一条鱿鱼也看不见，钓了半小时，没有收获，不钓了。

2020 年 6 月 19 日　欣赏朝霞

今天离开大连整 2 周，开航整 10 天。按计划，还有 4 周时间就会回到陆地上。

凌晨 2 点醒了，由于时差原因，此时的北京已经天亮了，拉开窗帘一看，外面是红的！穿衣服上甲板，哇噻！火红的朝霞映红了蓝天和海面，湛蓝的天空上云卷云舒，低空中海鸥自由飞翔，似锦似缎的海面上海豚随船跳跃！太美了！这些踊跃着、飞翔着的精灵，自由自在地生活在西太平洋上，这里人迹罕至，但是我们并不孤独。大自然总是会给人们带来惊喜的！古人云：而世之奇伟、瑰怪，非常之观，常在于险远，而人之所罕至焉，故非有志者不能至也。诚不我欺。

面对如诗如画的美景，德鹏有感而发：一次深夜作战，采样结束后已是北京时间凌晨2点多，由于站位所在的时间比北京时间早2个小时，所以采样结束后外面天空已经放亮。初升的太阳如闺中少女，虽已从海平线升起，却仍娇羞地躲在一片云彩后面不肯轻易现身，但她的光辉却收敛不住，从云层中轻轻地流淌出来。天边那一层薄云仿佛画布一般，让这光辉任意挥洒着各种色彩，开始是如浓重的红的橙的油彩画，须臾又渐渐地晕染开来，弥漫出淡紫的渐变色彩，在这天空无限地延展开来。海面没有一点浪花，在太阳和云的光影下，呈现出绸缎一般的质感。天和海是有界的，但在此又完美地融合在一起，此时间的美景不可方物。一时间只被眼前美景吸引，工作的疲惫全部丢在脑后。大洋之美，只在天海之间，光影变幻，每一秒都不相同。或日升日落，霞光五彩斑斓，娉婷袅袅；或万里晴空，蓝天碧海波澜壮阔，相得益彰；就算是乌云密布，海天一色，也是另一种苍凉壮美。只有置身其中才能感受，照片只能得其神韵的十之一二。作为海洋环保工作者，这种美既是辛苦工作后的一种慰藉，又是投身海洋生态环境保护工作的一种幸福。

时区和纬度与气候变化

❀海洋广袤无垠，一个航次的调查区域也常常横跨几个时区，穿越10°以上的纬度。这个调查航次里，最远驶入了东十区，比北京的东八区快了2小时，南北距离上也涵盖了热带到温带。虽然科研人员出海在外，使用的还是北京时间，就常会出现凌晨2点天亮，或者前几日穿着长袖还觉冷，今日身着短袖仍嫌热的情况。

小伙伴们刚做完试验，本来要去睡觉，发现这么美的景色，忘了疲倦，没有了困意，都跑到甲板上来了！

午睡起来，发现上不去网了，问了同事，都上不去了，有点紧张，要是船上网络坏了，以后的时间就要彻底与世隔绝了，太可怕了。后来，楠美女去问了，说是为了调视频会议系统，暂时把网络关了，2小时后开通。

记录老隋遇到的一个好玩的事。

第一次晕船的时候，躺在床上，似睡非睡，转头看到墙上挂的钟显示的时间与手机时间不一样，以为是钟里电池没电了，当时还想，什么时候告诉船上。又过了一会儿，发现钟在逆时针走！这是怎么回事？又一想，可能是过时区分界线，在调时间。

太平洋短吻海豚

小视频 海豚

🐋图片中出现的海豚应该是太平洋短吻海豚，又称太平洋斑纹海豚，分布广泛，夏秋季节多生活在深水区域。太平洋短吻海豚平时巡游速度较慢，但在兴奋时速度会大幅加快，足以追上"东方红3"船当时12节的船速。此外它们生性活泼，常追随船只游动，喜爱群居生活。

第二天，发现钟的时间和手机时间一样！可能是昨天晕船糊涂了，做梦看到钟逆时针走？

今天上午，在实验室说起这事，小魏同学说她也看到过钟逆时针走！

那就是说不是在做梦。刚才去问实验室主任，正好首席也在，他们都说，现在过时区分界线的时候不调时间，一直用北京时间。实验室主任用对讲机问驾驶室，大副说，那天是手误！

没有大洋经验的人，遇到了奇葩的事！

2020年6月20日 晕着晕着就习惯了

昨晚船晃得很厉害，早上好一点了。听船长说，昨天晚上阵风风速曾经达到每秒24米！现在小了，大约每秒14米。有一种说法，在大洋上航行，1周后晕船症状会减弱很多，看来是有道理的，晕着晕着，就习惯了；吐着吐着，就不吐了。

昨晚和今早两个站位之间距离较短，如果以正常船速行驶，早就到站位了。因为风大，早到了也不能作业，因此，昨晚船一直是低速航行，减少了船舶垂向颠簸幅度，这可能也是晕船的人没晕船的原因之一，谢谢船长！

早饭后去后甲板上走走，回来的时候碰见实验室主任，他说大概得中午的时候能下CTD。

没等到下CTD的通知，11点的时候等到了开饭的通知。大风大浪天气，厨房不方便做饭，煮冻饺子，不知为什么，吃饺子还给一大块火腿肠。不晕船了，越晃越能吃，大概是船晃起来，帮助肠胃蠕动，有助于消化，胃口不错，还吃了一块西瓜。

吃完饭，又去后甲板上走路。太阳出来了，心情愉悦。尽管船很晃，晃得不能正常在后甲板上走路，可还是走了半个小时。

回来后，接到首席通知，大概下午4点下CTD。

摇篮里睡午觉！

晕船

❧当人在乘坐车、船、飞机等能剧烈晃动的交通工具时，有部分人会出现头晕恶心等不适症状。这是因为在人体感受到晃动刺激时，前庭神经会向中枢神经传递信号，而每个人对晃动刺激的敏感程度不同，过于敏感的人就会出现眩晕的症状，但多次出现眩晕后，症状反而会减轻或不发，也就是文中所说的晕着晕着就习惯了。

下午4点半开始下CTD，7点半结束作业，海况好了很多，今晚应该可以睡个好觉了。

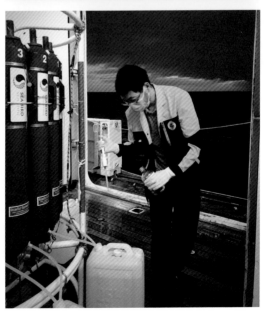

2020年6月21日　夏至，父亲节

昨晚风平浪静，睡得不错。

6月7日上船，到今天满14天了，完成防疫隔离任务，大家平安无事，不知道是不是从今天开始，船上生活会有所改变？比如，可以不戴口罩？吃饭不分批了？

昨晚在等CTD出水的空隙，首席说，我们这个航次在日本以东海域所有的作业任务会在26日前完成，如果不去马里亚纳海沟，最多再有2周就能回到陆地了，时间过半。如果按原计划，7月16日回到青岛，则海上生活过去了1/3。如今已经适应了船上生活，时间过得很快。

今天在CKEO-A站作业，首先是收浮标，吸取上次吊浮标的经验，这一次先把浮标掀翻，勾住浮标底部的吊环，10分钟就吊上来了，这个浮标是2019年11月布放的，时间相对短一些，附着物比较少，也有说是因为距离黑潮距离远近不同，影响附着物的多少。

在浮标底部中间的洞洞里，竟然趴着鱼，一起给吊上来了，本来以为可以养着，可没一会儿死了，只能当做样品冻起来了。

在这个站位，我们拖了表层微塑料样品，下了3次CTD，尝试了水下摄像，拍摄到了湛蓝透明的海水，成群结队的鱼群，看到了螺旋桨在转动，好像是BBC拍的自然纪录片！实验室主任对此很兴奋。

斑石鲷

     🌿属于石鲷科石鲷属的一种鱼类,以海藻与贝类为食,分布于太平洋地区,在东南亚、中国东南沿海一带皆有分布,是典型的热带鱼类。可是捕获这些鱼的地点已逼近北纬40°,早已远离热带地区,斑石鲷又是如何出现的呢?究其原因正是黑潮。黑潮温暖且高速流动的海水,不仅让此鱼类来到北方,还提供了它们生存所需的温暖环境,而浮标的出现又恰好为它们提供了一个类似礁石的生存空间,正由于以上种种缘由的叠加,才出现了这种热带鱼类生活在北方的奇景。

今天的晚霞很燃！谢谢德鹏的分享！

工作结束后，大家小聚，庆祝父亲节。后来，海大的首席也来参加，大家畅谈未来合作前景。

2020 年 6 月 22 日　下午茶

新的一周开始，这周会结束日本东面这一片区域的作业任务。

早上去食堂，开始自己打饭了，说明船上防疫任务结束了，自 7 日上船，今天是第 15 天，自动隔离了 14 天了。

昨晚泥样上来已经很晚了，郑楠带俩帅哥通宵冒雨采样，非常辛苦，这个团队特别能战斗，而且，井井有条，配合默契。

天一直都在下雨，午睡起来，实在是憋得慌，穿雨衣去后甲板上透风，大概是此举感动了老天爷，派了一支鲨鱼巡游小分队从船的右前方往船尾方

沉积物采样

❧ 这里沉积物采样使用的是箱式取样器，一种采样容器呈方形的沉积物采样装置。箱式取样器可以用来采集大体积或者大表面积的沉积物样品，在取样的同时又能保持样品原地特征，但是这类装置穿透深度浅，所取得的箱式岩心也较短，多用于较浅水域沉积物的研究。

向表演，几头鲨鱼的尾鳍时隐时现，偶尔还能看到一头鲨鱼的全貌。可惜，距离比较远，能见度不好，手机拍不下来。但看到了，已经很知足了。感觉鲨鱼们不慌不忙，悠闲自得，好不惬意！

因为能见度低，M4 站的潜标找了一上午没找到，这是本航次最后一个潜标，后面的站位都是我们的活，常规站位作业时间 3 个小时左右，全水柱站位作业时间翻倍，作业速度会大幅度提高。

小视频　沉积物采样

今天开始，下午3点至4点，餐厅有下午茶，各种小吃和饮料，喜欢小吃的年轻人开心了。

下到机舱，看到两大卷缆绳，很壮观。"东方红3"船配备有2台10 000米以上的CTD绞车、1台10 000米钢缆绞车、1台10 000米光电缆绞车、1台12 000米纤维缆绞车，下图是纤维缆绞车。

船用绞车

❦ 绞车是用卷筒缠绕钢丝绳或链条以提升或牵引重物的轻小型起重设备，又称卷扬机。绞车可以单独使用，也可作为起重、筑路和矿井提升等机械中的组成部件，海洋研究中无论是CTD与采水器，还是沉积物取样器，都要通过绞车下放至海中。

2020 年 6 月 23 日　D11 站

早上醒来，外面晴天，有雾，海况很好，昨晚同事们采样不知道又熬到几点。从今天开始，到马里亚纳海沟之前，船上只有我们工作，因此，昨天首席和船长协商，希望调整船速，尽可能让我们白天作业。

现在在去 D11 站的路上，据说有 200 多海里，今天全天跑路。D11 站是本次测区最东侧、北面倒数第二个站，本来应该从最东北角的 M2 站直接做过来，但为了躲避大浪区，那天从 M2 站沿西南方向斜插下来，现在不得不再返回来，多跑不少路，海上工作就是这样，受天气、海况等的影响，会有很多不确定性。

我们还有 6 个站，26 日前完成 3 个站，如果去马里亚纳海沟，还有 3 个站位等回来的路上再完成；如果不去，直接干完了就回家。到目前为止，去马里亚纳海沟的申请还没批回来，去不了的可能性在增加。

能够获批去马里亚纳海沟，能够到具有标志性特色的海域去，是每个海洋人的梦想。马里亚纳海沟是世界上最深的海沟，有 10 000 多米，号称世界第四极，有机会去那里的人少之又少。马里亚纳海沟大概位于北纬 11° 左右，应该是热带了吧，完全不同的风光，据说有机会看到鲸！现在已经基本适应了海上生活，一般的风浪没问题，所以，尽管海上生活枯燥一些，但还是希望南下跑一趟。

为了能够在白天作业，今天我们的船全速前进，有时船速甚至超过 15 节，下午 1 点半前后到达 D11 站，先进行微塑料拖网，再下 CTD，傍晚的时候下箱式采泥器，晚上 9 点前后会出水。

下午放了一个钓大鱼的钩，钩是随浮标带上来的日

节约船时

🐟 船时即用船时间。海上科学考察花费巨大，远洋科考更甚之。仅"东方红 3"科考船一天的船时费就达到 20 余万元。因此海洋科研人员们必须在出航前仔细规划采样计划，在出海中分秒必争，最大化利用自己的船时。

本渔网上的大鱼钩，用鱿鱼当饵，但这里海水的流速很快，钓到鱼的可能性不大。

晚上 8 点采泥器出水，打开一看，全是水，没有泥，失败。大洋采集沉积物难度比较大，失败的概率比较高，为了节约船时，经过讨论，决定放弃该站位的沉积物采样，开拔，去 D12 站。

2020年6月24日　D12站

　　上午到达 D12 站，先下采泥器，午饭后才能上来，再拖网，采水样，估计下午 4 点前后会结束这个站的工作。

　　今天没有下雨，也没晴天，温度合适，不冷不热。

　　上午 10 点半，把大鱼钩串上一块鱿鱼，又放海里了，但愿能有收获。

　　今天又没采到沉积物样品，生物样品同样没有。

　　下午 4 点前后起航奔赴下一个站位——D14 站。

　　今天船上健身房开了，有一台跑步机，还有自行车和力量练习设备。

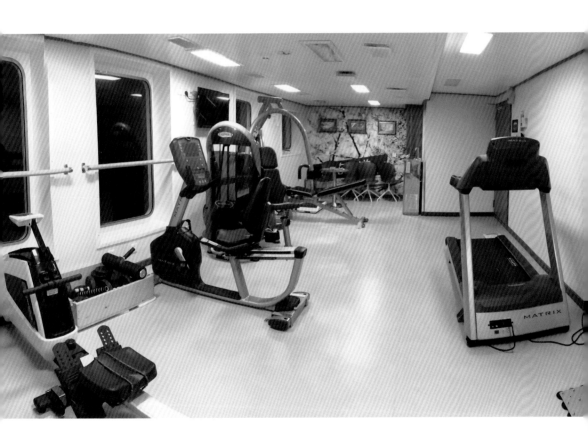

2020 年 6 月 25 日　端午节

早饭有粽子、茶叶蛋，还有汤圆，不管是哪里的风俗，都吃了。端午安康。

早上 7 点半前后到达 D14 站，在这个站位要采不少的表层水，要做全水柱，所以要下 5 次 CTD，还要拖网，这个端午节是一个不是劳动节的劳动节。劳动快乐！

所谓的全水柱就是从表层到底层，按照采样规范及水柱生化、物理分布特征从底层到表层采集多层样品，"东方红 3"船配备了装载 24 瓶和 36 瓶采水瓶的采水器，一次 CTD 下放过程可以完成一般性参数的全水柱采集任务，大大节约了做站时

间。做一个全水柱大约需要 4 个小时。

下午 1 点半完成本站工作，驶向日本南面的 D6 站，这个区间有 700 多海里，需要 3 天时间，3 天不停歇地长途行驶。

郑楠发布了一个水下拍摄的小视频——小设备制作的大片。

下午3点进行弃船救生演习。警报拉响后，全体人员穿好救生衣，带好保温救护服，到救生艇甲板集合，单号住舱在1号艇（双号住舱在2号艇）前排成两队，听职务船员讲解，要求尽可能多穿衣服，不能穿拖鞋，警报拉响后5分钟集合完毕，6分钟艇离开。随后，演练了放救生艇。

救生演习结束后，船员又进行了消防演习。

按规定，演习应该在开船当天完成，但因为疫情防控需要，推迟到今天进行。

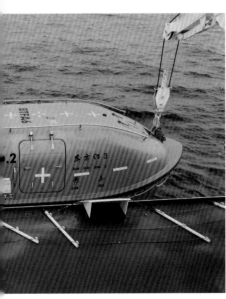

晚餐很丰富，有啤酒。

晚饭后，弯弯的小月挂天上，好像这个航次第一次见到月亮。

2020 年 6 月 26 日　行在海上

　　继续航行在海上。今天上船 20 天，按原计划 40 天算，时间过半。

　　早上 3 点半，看到大太阳挂天上，温度明显比北面高了，在甲板上走路有出汗的感觉。

　　难得整个白天是晴天，可惜天空没有朵朵白云。

今天船速 8 节左右，慢慢悠悠，看来是想拖延一下，等去马里亚纳海沟的批件。手续繁杂，路途遥远，让批件多跑一会儿吧。

2020 年 6 月 27 日　白云朵朵

早上起来，拉开窗帘，第一眼就看到了这片云。

　　跑到后甲板上，迎面是刺得睁不开眼的大太阳。今天的天特别晴朗，蓝蓝的天空上，几朵白云下面，还有薄薄的白白的云彩在船的后方飘啊飘，养眼的动感画面。

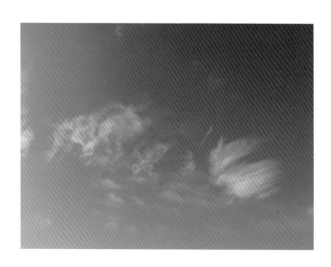

目前船速9节，以这样悠闲的节奏到达D6站还需要一天的时间，看来今天要继续享受阳光蓝天白云和与之交相辉映的浪花朵朵的大海，继续休息。

天气好，憋了多日的小伙伴们都跑到甲板上拍照。看看这两位大帅哥。

趁阳光充足，把被子拿出来晒了晒。

与世隔绝了多天，今天终于收到了中央电视台13、14套节目，说明离陆地近了，估计是在日本专属经济区外面不远处，水深由6100米变为2100米了。打开电视，首先看到的是一组国内大范围降雨的新闻，感觉铺天盖地的暴雨、洪水。

今天的月亮大了一圈。

专属经济区（EEZ）

✤领海以外并邻接领海的一个区域，不得超过领海基线起的200海里。沿海国对其专属经济区内自然资源享有主权权利和其他管辖权，同时沿海国还享有专属经济区内海洋科学研究和海洋环境保护等方面的管辖权。而马里亚纳海沟正好位于北马里亚纳群岛联邦的专属经济区内，所以我们必须在通过外交部的审批后，才能进入马里亚纳海沟区域作业。

2020 年 6 月 28 日　大风大浪

多云，继续航行在去 D6 站的海上，不知道是今天傍晚到站还是明天早上到。上午开始起风了，风速每秒 18 米，在后甲板上迎风走不动。海面浪加涌，船晃得厉害，感觉有点不舒服，但中午饭还是吃了，还吃了哈尔滨的索菲亚冰激凌，味道不错，这在船上是十分难得的美食，众同事高兴的纷纷发朋友圈。

听到一个悲催的消息，出境以后，如果手机开机，漫游到韩国日本，回去的时候，健康码显示的会是黄码甚至是红码！聪明的做法是把手机设置为飞行模式，再把 Wifi 打开，这样手机信号没有了，微信可以继续使用，可惜知道晚了！

晚饭后，狂风暴雨大浪，这样的海况，到站也不能作业，所以，船以 3 节左右的速度慢慢走着。在一楼实验室坐着小马扎感觉还可以，很稳。

2020 年 6 月 29 日　D6 站

老天爷也真是够任性的，昨天晚上那样的暴躁、发飙，今天早上却像是一个做错了事的孩子，满脸羞涩。没有了老天爷的助纣为虐，大海也一下子安静了下来，正所谓风平浪静。没了波浪的捣乱，船也就稳当了下来，船上的人也就感觉舒服了。

雨过天晴，白云朵朵。听实验室主任说，西太平洋这里处在副热带高压锋线上，和国内这几天安徽、四川、重庆一带强降雨属于同一锋线，天气变幻莫测，刚刚还暴风骤雨，转眼就是蓝天白云。

蓝天白云下，愉快地完成了 D6 站的作业。

副热带高压

    副热带高压指位于纬度20°—30°的副热带地区，由赤道低气压带上升并流至副热带的气流，堆聚下沉，形成的暖性高压带。受到副热带高压影响的区域，呈现出干旱少雨的天气。对于我国来说，每年夏天降雨分布受到副热带高压强弱和位置的直接影响，国内江淮流域的梅雨季节就是副热带高压带来的偏南气流与北方的干冷空气交锋的直接结果。

今天给采泥器换了一根纤维缆绳，为了清洁缆绳，接了一个淡水管冲洗缆绳。因为海流速度快，4400米水深放了6000多米的缆绳，最后还是没放到底，又没采上来沉积物样品。寄希望于最后一个站位了。

赵化德领导的团队非常重视宣传，郑楠大摄影师拍了大量的视频资料，剪辑了一个短片，其中许多镜头堪比海洋纪录大片，同时她还给每位队员出了一个视频专辑。在中心公众号上开辟"驶向深蓝"专栏，介绍每位队员，发布的第一篇文章是《环保老兵，征战大洋》，出自德鹏之手。

2020 年 6 月 30 日　D7 站，日本舰船贴身护卫

凌晨 1 点半到达 D7 站，大家有的没睡，等着，有的从睡梦中醒来，采水，凌晨 3 点结束作业，前往最后一个站位，D8。

中午吃完饭，发现右后方有一艘船从远处跟上来了，估计是日本海岸警卫队的船。吃饭时候听说，昨天中午日本飞机来过，然后就照会中国外交部，说是尽管这里是公海，但海底是日本大陆架的延伸体，不允许我们采沉积物样品，船上已经接到外交部的通知了。可科考队搞地质的老师说，在该区域日本哪来的大陆架！

过了一会儿，日本舰船渐渐跟上来了，然后，从右舷开走了。

午睡起来，发现日本舰船在我们船尾跟着，据说还围着我们船鸣笛！

话说，日本的船环保工作做得不行，老远就看见船上黑烟密布。

日本的船舰贴身护卫！我们在日本舰船的眼皮底下采样。整个航次的首席陈教授与日本船通电话，告诉他们我们在右舷作业，建议他们到右舷观看。

大陆架

❧大陆架是指沿海国领海以外依其陆地领土的自然延伸，扩展到大陆边外缘的海底区域的海床和底土，从测算领海宽度的基线起到大陆边外缘的距离，不到200海里的则扩展到200海里。超过200海里的，则不得超过350海里或者2500米等深线100海里。与专属经济区不同，仅大陆架上的资源归沿海国所有，其中并不包含其上覆水体。

今天天气很好，大太阳很晒，是出海以来最晒的一天。

这是最后一个站位，天气又好，大家都在船边看 CTD 采水。水面瓦蓝瓦蓝的，表层像有一层油膜。

下午，大家心情愉悦地在做着最后一个站位的工作，马上可以回家了。下午 3 点 45 分的时候，突然听到一个消息，去马里亚纳海沟的申请批准了，这个站位作业任务完成后，不是回家，而是直奔马里亚纳海沟，几乎所有人的情绪都不是很好，下午茶的时候大家都心

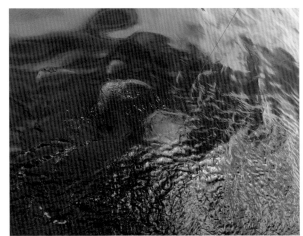

不在焉，不在状态。这几天一直在计划回家的事，突然间不回家了，大家有点接受不了，每个人的心情都有点沉重。

马里亚纳海沟号称世界第四极，如果不是前期一直说不去了，要回家了，这次有机会去，应该是一件高兴的事，毕竟能去的人少之又少。

晚上 5 点 50 分，目标马里亚纳海沟，出发！需要跑 3 天时间。拜拜了，日本舰船！

在接下来的走航期间，还将进行表层海水中微塑料采样作业。

带了这么多西太平洋的水回家，每桶 25L，总共 400 多桶，有将近 10 吨水。

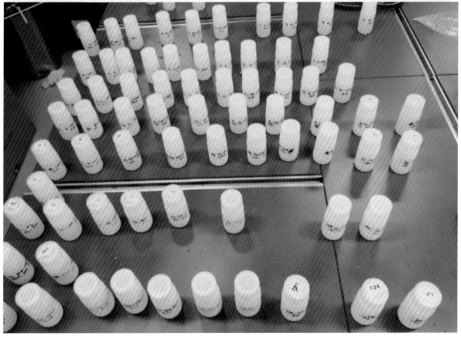

最近几天采集的水质样品，要在船上完成分析测试。

2020 年 7 月 1 日　过政治生日

 小视频 入党宣誓

海况很好，一觉睡到早上 4 点，去甲板上一看，日本舰船没有拜拜，还跟在后面，这是要给我们护航的节奏吗？

今天是党的生日，全体党员在甲板上以西太平洋为背景，面向党旗重温誓言，庆祝党的 99 岁华诞，还为郑楠过了政治生日。

远处各种造型的云山，跌宕起伏，特别壮观，有白的，有黑的，有的被太阳穿透，有的把太阳挡住，2条由喷气式飞机形成的白线直插云霄。

晚饭前，我们几个人正在顶层甲板上看云，来了一位船员叫我们，说是船长请我们进驾驶室参观。盛情难却，随船员进入驾驶室，船长热情地给我们介绍了驾驶室里面的各种仪表以及整艘船的性能。这是一艘非常现代化的船，无纸化海图，自动驾驶，GPS、北斗两套定位系统，各种的自动报警，各种的自动化操控，电推发动机，非常静音，船上的各种设备，除了北斗系统，都是进口的，国际大品牌无论是质量还是售后服务都是有保障的，船长如数家珍，脸上洋溢着自豪的神情。他是大连海事大学78级驾驶

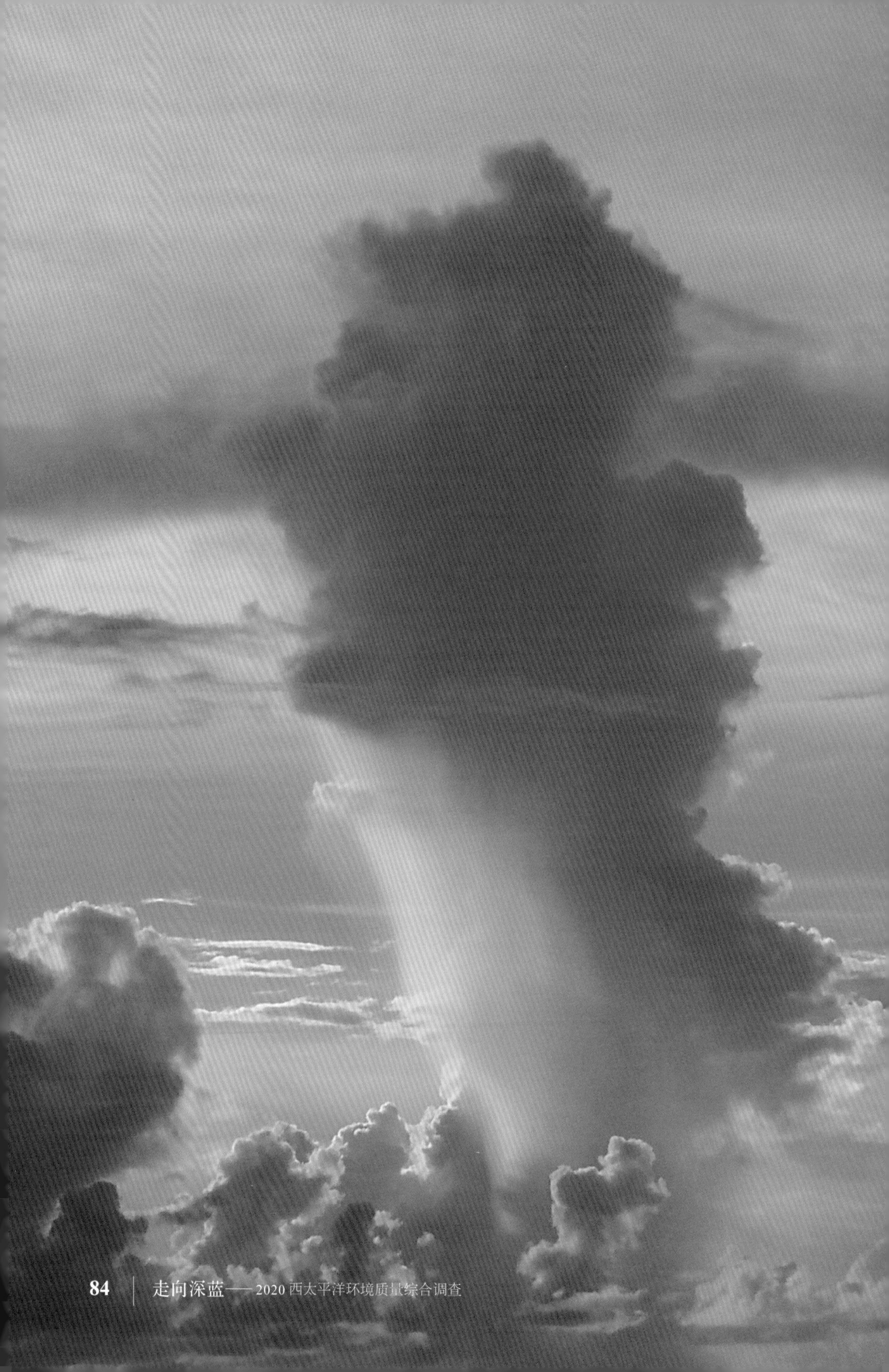

专业毕业的，当时叫大连海运学院，他的母校就在我们单位旁边，非常熟。船长蒋六甲是中国海洋大学的功勋船长，从"东方红 1"船开始，经历"东方红 2"船，亲手打造并亲自驾驶"东方红 3"船！蒋船长人很随和，总是面带微笑，和蔼可亲，一看就是个让人感觉舒服的人，有幸认识有缘人。

北斗卫星导航系统

❀北斗卫星导航系统是作为中国自主研发的全球卫星导航系统，也是继美国 GPS、俄国 GLONASS 之后第三个成熟的卫星导航系统。北斗系统能在全球范围内全天候、全天时为各类用户提供高精度、高可靠定位、导航、授时服务，并且具备短报文通信能力。就在我们航次结束的不到一个月的时间里，2020 年 7 月 31 日，由 30 颗卫星组成的北斗三号全球卫星导航系统正式开通。

2020 年 7 月 2 日　航行在去马里亚纳海沟的海上

昨天支部会的新闻稿发了，视频很炫，反响热烈。

已经进入北纬 14° 了，呈现出热带气候特征，一天之间，天上的云彩变幻莫测，德鹏有感而发：大洋之美，云海间，时时不同，变幻莫测，或波澜壮阔，或娉婷袅袅，时而又乌云笼罩，海天苍茫。唯置身其中方能见，照片仅得其神韵的十之一二。

今晚的天空很美，月亮尽管还没圆，但已经很亮了，还能够看到比较明亮的星星。

现在大概走在菲律宾东面，估计明天上午就会到达马里亚纳海沟啦！马里亚纳海沟属于北马里亚纳群岛联邦（美）的专属经济区，再往南就是巴布亚新几内亚，然后是澳大利亚。

马里亚纳海沟

🍃 位于马里亚纳群岛附近的太平洋底，全长 2550 千米，平均宽度约 70 千米，总体呈弧形，最深处位于其中的"挑战者"深渊，深度可达近 11 千米，也是已知的世界海洋最深处。我国的"蛟龙"号、"海斗"号潜水器都曾在此进行过深潜测试。

2020 年 7 月 3 日　到达马里亚纳海沟

早上 3 点 50 分醒了，拉开窗帘一看，感觉要日出了，拿着手机去了甲板。东方海平面上的天空一片通红，像山一样的云朵被遮挡在后面的太阳照射得红彤彤的。过了一会儿，云的颜色发生了变化，最左边的一朵成了白云；中间一朵成了带霞光的多彩云，像一个站立的动物；最右边是一大朵黑云。太阳还没升起来，一点点霞光从海里射出来。随着太阳的逐渐升起，伴随着云

的运动,画面在不断地变换,中间的云朵与右面的重合,像是搭建了一个拱门,云的颜色也在不断变化,美轮美奂!拍照总是有局限性,眼里看到的比拍下来的要美上许多倍,更是震撼许多倍,这样恢宏而变幻莫测的场景,只有亲临其境才能感受到,一边拍一边恨自己的拍照水平太差。

中午 12 点船舶抵达预设地点,船载水深仪显示水深 10 932 米,下了 CTD,大概下午 4 点半才能下到海底。

小视频 ▶ 水下滑翔机视频

今天的云一直在变化，下午3点前后看到东方的白云里有2处彩虹，但拍不下来。跟拍了一块云，左边的始终像个猪头，右边的一开始像兔子，后来变成一张老人脸。还有一个张牙舞爪的头像，不知道像什么动物。还有一片云像条宠物狗。

今天这里的海况很好，天气也不错。不像在日本东面那里，天气多变。因为这里远离锋线，没有台风的时候，天气海况都不错。晚上可以睡个好觉了。

今晚天空晴朗，月亮很大，满天星斗。

彩虹

第五篇 马里亚纳海沟篇

2020 年 7 月 4 日　采到世界最深海沟的水样

今天是个大晴天，骄阳似火，阳光下很晒。下午多云，凉快了许多。

凌晨 3 点多，小伙伴们去采水样了，辛苦了！这个站位我们原定没有采样计划，因为水深较深，CTD 上下一次就需要 8 个小时，水样非常宝贵，作业时间有限，如果没有提前达成协议，原则上不允许额外采集样品。后经协商，"东方红 3"船实验室在万分紧张的水样量中分给我们一些，十分感谢！在世界最深的海沟里采到水样，是件不容易的事，宝贝啊！

CTD 室的老师们做了个试验，在 CTD 下面挂了一个网兜，里面装了罐装啤酒、乒乓球和不锈钢碗，CTD 下潜深度为 10 500 米。经过万米水压，结果啤酒罐没有问题，乒乓球和碗都瘪了。

　　突然想到，这条深沟为世界深海技术做出了卓越而不可替代的贡献。因为其 1 万多米的水深，世界上万米海试都是在这里完成的，我国的"蛟龙"号下潜 7000 多米就是在这里试验成功的。

　　天气、海况都很好，无人机起飞了，拍下船的全貌。

2020 年 7 月 5 日　海上生明月

　　周日，上船整 4 周。早上起来重度多云，局部小雨。今天下了几次雨，不下雨的时候晴天，因为下雨，天气还算凉爽。

　　昨晚上来的 CTD 因为在下放过程中电池耗尽，没能采上来水，空跑一趟，这样，水样将非常紧张了，我们想再采点水样的想法彻底不可能了，遗憾！

　　今天是农历五月十五，海上生明月，明月旁边还有 2 颗星星亮晶晶。可惜拍出来的效果不佳。在甲板上静静坐着看夕阳慢慢落下，月亮早早升起。这绝对是一天之中最惬意的时候，抬起头来看天：从未见过这样完整的天，一点也没有被吞食，边沿全是挺展展的，紧扎扎地把大海罩了个严实，没有一点缺漏。周围静悄悄，只有海水轻轻拍打着船身。在这样的天地间行走，

侏儒也变成了巨人；在这样的天地间行走，巨人也变成了侏儒。一轮圆月渐渐爬上中天，清风徐来，水波不兴。远处的云彩似乎很低，被微风吹动，恰如歌里唱的"月亮在白莲花般的云朵里穿行……"举目四周，清冷的月光洒在海面，微起波澜，仿佛洒下来许多崭新的硬币，闷热的温度似乎也下降不少。

船员用抄网抄上来一条飞鱼，难怪会得此名，原来是有一对会飞的翅膀！

飞鱼

❀飞鱼科多种鱼类的统称，分布广泛，在中国海域就有 38 种，以南海最多。这类鱼胸鳍发达，完全展开时好似蝴蝶一般，在受到惊吓或躲避天敌时，会跃出海面，展开胸鳍，滑翔一段距离，类似鸟类飞行一样，故称之为飞鱼。

午饭时说今天晚饭加餐，有龙虾，有的队员开始兴奋了，下午茶也不吃了，等着晚饭吃龙虾。晚饭的时候，每人发了半只小的龙虾，有啤酒饮料。没感觉龙虾怎么好吃，我们的队员都没喝酒。

2020 年 7 月 6 日　年轻的朋友来相聚

自今天起开始本航次的 10 天倒计时。

夕阳总是很漂亮，加上乌云的点缀，好似水墨画，我们站在甲板上欣赏，几乎忘了吃饭。

今天是农历五月十六，晚饭后，大大的月亮从海上升起，明月当空，繁星点点，晚风习习，在甲板上喝啤酒赏明月，听 90 后帅哥指点，哪个是北斗七星，哪个是牛郎织女，惬意。星星还是那个星星，月亮也还是那个月亮，

只是山和梁到了万米之下的马家沟，无缘相见。

月光下，年轻人弹着吉他，喝着小酒，鼓声相伴，唱着歌曲，给枯燥的海上生活增添点乐趣："举酒属客，诵明月之诗，歌窈窕之章。少焉，月出于东山之上，徘徊于斗牛之间。"特别美好又有诗意的一个夜晚，年轻真好！

小视频
▶️ 在甲板上唱歌

2020 年 7 月 7 日 返航

　　起航整 4 周，申报时间即将结束，今晚 24 点前必须离开马里亚纳海沟。

　　因为疫情推迟一个月的高考，今天开考。"书中自有黄金屋"固然有偏颇，但无论是古代的科举制度，还是现在的高考，确实是给年轻人提供了成才之路，特别是对草根的年轻人几乎是唯一的成才之路。

后来，大学变成产业，从精英教育变成全民，误导了一批又一批孩子的受教育理念，都要去上大学，没人愿意读专科学技术，致使一批又一批大学生毕业即失业，高不成低不就，成了啃老族。办教育是个实在活，别云山雾罩地"教改"。

早上4点在甲板上看日出，一如既往的美丽。

　　傍晚的时候，在甲板上欣赏着依旧是多彩多姿的晚霞，有的像骏马奔驰，有的像披着彩虹的小黄鸭，有的像燃烧的火焰，远处的天边像挂着一幅幅水墨画，美不胜收。

　　晚上 7 点半，随着最后一次 CTD 出水归舱，本航次所有任务完成，"东方红 3"船起航，踏上归途。5 天的马里亚纳海沟，风平浪静，每天早晚，欣赏着美丽的景色，悠哉惬意的生活结束了。再见！马里亚纳海沟！

2020 年 7 月 8—9 日　回程路上

吃饭睡觉看日出日落。

海况一直是出奇的好，天气以晴天为主，偶尔下雨，甚至半边晴天半边雨，常有彩虹当空，偶尔出现双彩虹。每天早晚，阳光与云彩交相辉映，演绎出魔幻般的风景。

船上有队员看见过鲸，但我们没有眼缘。

2020年7月10日 百万年的沉积物

　　返航途中，进行了沉积物柱状样采样工作。上午9点，柱状样上来了，3节取样管，每节3米，一共9米，在深近5000米的水下，上百万年前的沉积物，实在是珍贵。因为取样管前取样头内的沉积物不作为研究样品收集，所以这些沉积物样品便成了大家的收藏品，留作纪念，毕竟是上百万年前的老物件。

重力取样管采样

❧这是一种利用管上方重锤自由下落的冲力，使取样管冲入沉积物进行采集的装置。被广泛用于浅海、深海的沉积物短柱取样。与箱式取样器不同，重力取样管可以取得更长更深的柱状样品。海洋中沉积物的积累是循序渐进的，埋藏越深的沉积物就越古老，通过分析这些柱状样品，能让科研人员了解更长时间尺度上海洋的变化。

 小视频 柱状样采集

2020 年 7 月 11 日　有奖吃包子

继续走在回家的海上，中午以后，海面上开始有点小涌。

听说从青岛回大连要遇到困难，坐飞机是肯定不行了，有可能不让离开青岛，说是要在船上隔离 28 天！下周一单位领导会去中国海洋大学沟通。

今天晚饭船上搞了个有奖吃包子，每人发一个参与抽奖的包子，50% 的中奖率。

听船长说，明天上午 10 点半过宫古海峡，然后就进入东海了。

2020 年 7 月 12 日　过宫古海峡

再有 3 天到青岛。

早上 4 点，天边依然似水墨画。

早上 6 点，看航迹图我们已经开始进入
宫古海峡，水深已经降到 1900 米，但在甲
板上依然看不到陆地，宫古海峡在这里足
够宽。

早上 7 点，收到中央电视台的节目，
依然是抗洪占主角，鼠年真是多灾多难。

早上 8 点，途经的海域水深不到 1000 米。

早上 8 点半，水深 650 米。

早上 9 点，水深 480 米，已经驶入第一岛链里面。

中午 12 点，路过日本久米岛，距离比较远，隐隐约约，拍不下来。水
深又深了，1450 米。

晚上 7 点，水深 130 米，大概与温州在同一纬度上，海上有不少渔船在
远处作业。海况一如既往的好！

宫古海峡

又称宫古水道，位于琉球群岛之中，宽度为台湾海峡的两倍，其中部有100余海里宽的国际水域，是第一岛链中最宽的海峡，也是中国去往大洋洲、南美洲的重要水道之一。

还有两天到青岛。

早上 6 点，行驶在舟山东面海域，水深 76 米，海面有白浪花，但没感觉，看来是完全适应船上生活了，后天下船该"晕地"了。

刚刚超过一艘满载而归的渔船，船老大肯定是满心欢喜，有个好收成。

远处隐隐约约有一架钻井平台，应该是春晓油田吧。

下午开始，天气又变成来时的那样阴沉沉的，海水也不清澈了，有种压抑的感觉。好在航次快结束了。

2020 年 7 月 14 日　进入黄海

倒数第二天，明天就回到青岛了。

早上 6 点查看航迹图，我们已经跨过了东海与黄海的分界线（启东市的启东角和韩国的济州岛连线），进入黄海了。

天气不好，冷飕飕的，看来需要加衣服了。海况不好，船晃得挺厉害，还好，没晕船。

中午吃饺子，韭菜馅的，味道不错。

晚饭加餐，每人一碗佛跳墙，喝了啤酒。

今天晚上到明天早上，我们要完成这个航次最后的任务：从成山头南部海域，沿着山东半岛向青岛方向，进行 5 个站位的微塑料拖网。

晚上 7 点，船到达位于成山头南边的第一个微塑料拖网站位，开始进行拖网。收网后发现，网爆了。换了一个新网，8 点钟完成了第一个站位的作业。

晚上 9 点 20 分开始第二个站位拖网。

大概深夜 12 点半前后到达第三个站位，小伙子们要通宵工作了。

第七篇 结束篇

2020 年 7 月 15 日　靠泊青岛港

　　早上 4 点的时候船降速了，远处有一片灯光，在青岛港锚地附近，手机有信号了，一轮小月挂在天上。

　　4 点 25 分完成这个站位的拖网作业。

　　6 点 15 分，完成最后一个站位的拖网作业，至此，所有外业任务结束！

　　船舶全速驶向青岛港。和走的时候一样，今天的青岛港还是大雾，想象的海面变草原的景象没有出现，海面上浒苔不多。

　　上午 9 点 45 分，安全靠泊青岛港。至此，本航次海上任务全部结束，将在这里办理入境手续。

　　青岛附近海域水母很多，港里面也有。

　　下午 2 点，海关人员来收入境卡并测体温，做核酸检测采样，只采咽拭子，没采鼻拭子。

夕阳下的青岛港安宁祥和，红彤彤的太阳没了光芒四射，甚至没了力气，悄无声息地挂在天边。静静的海水，在汹涌澎湃发泄后也变得异常的温顺。

2020 年 7 月 16 日　入境　结束航行

　　上午 9 点半开始进行边检，大家排队下船。码头上有个小房子，每个人依次站在窗口前，报名，里面的边防警察对照护照上的照片验明正身。40 天后第一次站在陆地上，也没什么感觉。

　　上午 10 点，召开航次总结会，化德首席对本航次工作进行了全面总结。

　　听说海洋大学的老师去机场办理让我们乘飞机回家的许可。上午 10 点半，我们的健康码仍然是绿色的。

　　中午 1 点，"东方红 3"船离开青岛港，驶向"东方红 3"船的母港——青岛奥帆中心码头。下午 4 点钟，船舶靠岸，本航次航行结束。

　　中心三大处长在码头迎接我们，队员们很兴奋。谢谢领导们！

　　晚饭后开始卸货，把仪器设备、样品及其他物品搬到后甲板，再吊到岸上。海量的货物，一直干到深夜 12 点才结束。船上实验室的 8 名小伙子友情帮忙，大家争先恐后，热火朝天，没人喊累，没人叫苦，齐心协力完成任务。

　　在船上睡了最后一个晚上。晚安。

本航次自 6 月 9 日开航，历时 38 天，安全无事故。在赵化德首席的领导下，项目组 8 名成员团结协作，超额完成航次任务。特别要说的是，在繁重的航次任务和枯燥的海上生活中，项目组成员表现出了很好的精神风貌，并通过现代媒体手段与大家分享了我们的海上经历，展现了海洋中心的风采，科普了大洋航次知识，宣传了海洋环保理念，引起了广泛的关注（大连市科协主动邀请我们参加他们举办的最美科研人评选活动）。应该授予本航次项目组宣传工作特别贡献奖！

 ## 2020 年 7 月 17 日　回家

早上 7 点半离开"东方红 3"船，乘车前往青岛流亭机场。中国海洋大学的曹老师到机场送行，联系防疫事宜。我们乘坐 MU2517 航班，上午 11 点 55 分降落大连机场，一路平安顺利。

42 天后，安全回家了！

第八篇 感想篇

结缘与海

赵化德

　　我出生在青岛的一个渔村，从小在海边长大，每逢暑假时，总与大海相伴，偶尔也会跟随父亲坐船出海捕鱼。还记得第一次出海，刚上船时蹦蹦跳跳的兴奋劲；也记得起航后，晕船卧床不起、天旋地转的情景；更忘不了见到满满的渔获，一跃而起全然忘记晕船的满心欢喜。海上捕捞工作非常辛苦，母亲经常教育道：好好上学，将来就不用出海了。而后，我顺利考上大学，选择了一个与海洋无关的专业。然而，阴差阳错中，研究生阶段的学习又与大海联系在一起，并一直从事海洋科学工作至今。也许这正是因为我与大海那份无法割舍的情缘。

　　海上调查工作，是研究海洋学的基本方法。对于不同人，或者同一个人在不同阶段有着不同的感受：海上调查工作是劳苦的，狂风暴雨、浪涛汹涌中，海洋工作者还要忍受晕船，不分昼夜地、全神贯注地去进行样品采集和分析工作；海上调查工作是美妙的，你永远猜不出下一刻大海会为你展现出什么样的景色，或彩虹当空，或晚霞满天；海洋调查工作是枯燥的，狭小的空间，一望无际的海面，对家人的思念以及逐日累积的焦躁情绪；海上调查工作是温馨的，经常会遇到来自五湖四海同船渡的朋友，漫谈人生，畅谈科学，一起经历一场奇妙的旅程。

　　十几年的海上调查经验，自己也算是"老海洋"了。然而，这一次的西太之行还是给了我不少新体验。这本书正是以该航次的时间轴为主线，向读者展示大洋科考航次的主要过程，介绍海洋调查工作的主要内容和生活点滴，希望读者对海洋调查工作有更加直观和深刻的认识。

深蓝的种子

李德鹏

也许是受小时候看电视节目——动物世界中海洋生物的启蒙，我很早心里便种下了一颗海洋的种子，对海洋心生向往，以致后来一路考进了海洋大学，工作到了海洋环境监测中心，成了一名海洋工作者，这是一种很美妙的缘分。

17年前，刚参加工作就有幸参与了中心独立组织的第一个西太平洋调查航次，时任中心科技处处长的隋吉学主张年轻人多上船锻炼，也使得我刚到单位就有了这样一次大洋之旅。那时是个刚毕业的毛头小伙，三个月的大洋之旅，初识浩瀚海洋的各种震撼，让心里那颗海洋的种子生根发芽，成为了从事海洋工作的动力，十几年来作为一名海洋工作者，守望着这片蔚蓝，心中充满自豪，同时也藏下了一个关于大洋的夙愿。

此次西太航次，是海洋中心转隶到生态环境部后首次组织的大洋科考，也是生态环境部直属单位第一次独立开展该项工作。航次即将开始时，由于人员的临时调整，中心考虑到我曾经的大洋调查经验，临时向我提出征召，此时距离出发只有两天时间。接到通知，心中藏着的那个关于大洋的夙愿迅速占据了脑海，曾经在"向阳红9"船上的点滴涌上心头。在短时间内安排好家人和手头的工作，来到青岛，登上母校这艘刚下水不久的"东方红3"科考船，开始了这次的大洋之旅。而本次调查的领队恰好是当年送我们上"向阳红9"船的隋吉学书记，首席科学家是我的老乡、邻居、好哥们儿赵化德，这又是一种奇妙的缘分。

从"向阳红9"船到"东方红3"船，我见证了祖国海洋科技事业日新月异的发展；在西太副热带高压锋面影响的恶劣天气下，我看到了我们环保铁军团队不畏艰苦、保证工作质量的专业精神；一次凌晨工作后，与队友们在甲板上看日出喷薄于似锦的海面，看海豚在涌浪中跳跃舞蹈，瞬间陶醉于大洋之美；后来南下马里亚纳海沟，在地球第四极平静的海面上，与小伙伴们在甲板上弹琴击鼓，仰望星空，纵情高歌，感受到了年轻的海洋人的朝气蓬勃。大洋的浩瀚深邃，日升月落，流云轻风，浪花翻涌，这一切都是我人生中最宝贵的财富。

感谢周遭的所有，感谢这一片蔚蓝！

追逐蓝色梦想

郑　楠

因从小对海洋的向往和热爱，2003年我有幸进入中国海洋大学国家基地班学习海洋化学专业，毕业实习在"东方红2"科考船上完成，这些经历使我对"海大"，对"东方红"系列科考船，对海洋都有了特殊的感情。海洋化学理论课的学习燃起了我对蓝色海洋的向往，严苛的出海作业实习开启了我对蓝色海洋的探索。

怀着对蓝色海洋的追逐和梦想，毕业后我义无反顾地选择了留在海洋行业，大海也张开怀抱接纳了我。在外人看来，出海是一件浪漫的事情，而对科考人员来说，则是一项艰苦、枯燥的工作，尤其对于一个女生会更加的困难和不便。海洋化学是海洋科学的四大基础学科之一，是以观测为基础的学科，学术思想和研究水平的提升都离不开观测及其数据的长期积累，不亲身经历这些发生在一线的作业，便无法完整理解发生在这片神奇海域里的科学和故事。

我在中国海、在大洋、在中国从北到南的入海河流甚至礁盘、光滩上都留下了自己的足迹。既有过孤身奋战，也有过带领团队寻求多方合作的经历；既见过海洋狂风巨浪的愤怒，也见过她风平浪静的美丽；既见过她的日出日落和彩霞满天，也见过她的阴云暴雨。她气象万千，神秘莫测，令人敬畏；她海纳百川，胸襟广阔，令人向往；她被台风洗礼过，被寒潮侵袭过，被海冰围困过，被炮弹轰击过。在滴水成冰的季节泡在水里采样，在烈日炎炎的天气下工作和住宿在甲板上，在齐腰深的泥潭里插柱子，在密不透风的小渔船舱底连续作业，也在世界先进的国际航次上展现过风采。搭建各种各样的海洋设备，采集和测定了数不清的海水样品，切割长长短短的沉积物柱子，领略光怪陆离的海底生物。所有这一切，为探索海洋收集和积累了大量的一手资料，汇集成了我所热爱的广袤蓝色。

　　我很幸运，能参加生态环境部第一次大洋航次；更加幸运的是，能搭载"东方红3"船游历西太平洋；最最幸运的是，能够跟最契合的小伙伴们一起穿越狂浪区，一起顺利完成监测任务，一起领略最美的自然风景，一起在世界最深渊的海沟打卡。出航时，"东方红3"船与曾经无数次奋战过的"东方红2"船擦肩而过，像是接过了海洋监测与探索的接力棒，奋勇直航！

　　"可上九天揽月，可下五洋捉鳖"，海洋中的探索和故事，有些记录在文字里，有些记录在数据里，有些记录在照片里。而这次，在这些真诚的文字里，在这些珍贵的照片里，在这些精心编辑的视频里，欢迎大家跟随我们一起来领略星辰大海的征程吧！

故地重游

王宇宁

西太平洋这片海域对我来说并不陌生。早在 5 年之前，我就曾参加过西太平洋的共享航次，那也是我参加的第一个大洋航次。

2015 年，我研究生入学还不满一年，也算是半只脚刚踏进科研的门槛，对海洋的了解还停留在本科四年的海洋专业知识上，大洋上的一切，对于那时候的我都是新鲜而陌生的，却在同年 3 月，被导师派出参加国家自然科学基金委组织的西太平洋共享航次，在"东方红 2"船上度过了难忘的 39 天。

2020 年，我有幸参加中心组织的西太平洋航次。两个航次相比，其站位近乎相同，这也使得我能再次踏上这片熟悉的海域。5 年之后，我已走上工作岗位，与同事一起再战"西太"。比起以往，这次的科考条件有着极大提升。无论是住宿伙食水平，还是实验室规划设计和船载仪器设备，都与以往不可同日而语。改变的也不仅仅是硬件，这个航次我还能与出海经历丰富的同事同行，能够锻炼自己，让我在相互配合的工作中得以学习成长，同时我自己也与 5 年前相比有了不小的变化，心理心态、专业水平都有所进步，而这样一个故地重游的机会，让我能及时回顾过去，发现自身的不足，找准努力的方向。

在此我也由衷地感谢同行的 7 位领导同事、感谢中心，给予我这样一个宝贵的机会，在相互学习提升的同时，也让我能重新审视自己，调整自我，向明天进发。

西太——成长之旅

齐彦杰

　　齐彦杰，33岁，学术范宅女。33岁，在大家看来，是一个早就应该成家立业、有社会经验的年纪。只是，因为上了太多年学，直到博士毕业才深入接触社会，所以，目前为止，还是职场小白一个。2017年6月，我拉着行李箱，从南到北，从厦门远赴大连。2020年是我工作的第三个年头。

　　社会与校园还是很不一样的，工作后的每一天，无不是一次成长，社会教人成长。在这漫长的38天西太之旅中，闲暇之余，更是思考良多。相信每一个人都对自己的人生有一个定位，在人流浪潮中，有自己的选择和坚持。正如我们漂浮在茫茫的大洋上，有人不忘继续工作，有人不忘简单欢乐，每个人都在自己的人生轨迹上奉行着自己的人生信条。惊涛骇浪或许并不可怕，可怕的是迷失在人潮人海中，逆流而上，艰难前行，在黑暗中依然看不到充满希望的灯塔。这或许不应该是一个33岁的人还在思考的问题，略显沉重。赶完论文校稿工作，还是加入8人组的下午茶活动吧。

大自然神奇而美丽！感谢天公，这一路，没有一直对我们阴着脸，不忘时不时地对我们展露笑颜。蔚蓝的大海，多彩的天空，绚丽的朝霞，无不是一种慰藉。感谢大自然的馈赠，工作使人快乐！

海洋和我的故事

魏雅雯

作为一个土生土长的内陆孩子，我与海洋的首次亲密接触发生在4岁，老爸带我去了秦皇岛的北戴河，但当时年纪实在太小了，感受不到大海的壮阔，只记得海水灌进嘴里的苦涩还有归家后出水痘的刺痒。

真正与海洋的缘分开始于高考后。从2009年开始，我此后的11年都有海洋的陪伴。四年本科，三年研究生，四年工作，虽然磕磕绊绊，但最终还是在海洋科学这条路上走到了现在。

海洋科学研究工作最吸引眼球的当属出海。2014年，我参加了人生中第一个真正意义的科考航次，搭乘"东方红2"船去了南海。不巧遇到两个台风经过吕宋海峡，本人不幸中招，晕船晕到胆汁都吐了出来；经此一役，心里便对出海埋下了恐惧的种子。尔后工作了，成了老师，带着一群学生出海，自然不敢有任何疏忽大意，精神紧绷到能够克服晕船，竟然练就了"任凭风浪起，稳坐钓鱼台"的本领。再后来，我来到了国家海洋环境监测中心，结识了一群新的伙伴，继续着乘风破浪的生活。

2020年的6月，我很幸运能够同海洋中心其他7位大神共同参加西太平洋调查航次。出行前，心情比较忐忑，因为很久没在那么远的地方漂荡那么

久了。然而，船开的那一刻，看着海鸥划过天际，海浪轻拍船身，听着小伙伴们的欢声笑语，浮躁的心慢慢安稳下来。接下来，只需要安心工作，快乐生活就好。

38天的漂流，我们经过大隅海峡，漂过西太平洋，有幸去了马里亚纳海沟，最终经过宫古海峡回到青岛。一个多月的时间，其实过得很快。回忆起来，熬夜通宵干活、奇差的海况、糟糕的天气竟然都变得模糊，大家共同努力完成工作的样子、伙伴们的嬉笑打闹、海天之间壮丽的景色反而愈加的清晰。

海上工作远离繁华陆地，有时会感到枯燥，但惊喜也常伴随左右。转瞬即逝的流星、跃出水面的海豚、甚至偶尔出现的冰激凌都会让我感叹一句"人间值得"。

感谢首席赵化德，无论是工作还是生活都尽力照顾我们，事事挡在我们前面；感谢书记隋吉学，让我知道了人活一辈子一定要有能够为之付出全部热情的事业以及兑现这份热情的坚强意志；感谢小姐姐郑楠，人的才华和潜力果然没有上限；感谢师弟姚振童，各种配合和帮助偶尔愚蠢的师姐；感谢师弟王宇宁，我一定不会忘记土星、木星和月亮的位置；感谢帅气维尼李德鹏，你真的真的非常暖；感谢室友齐彦杰，有了你的陪伴，这个航次变得非常有趣。

我很感恩自己能够从事这样一份工作，庆幸遇到这样一群志同道合的伙伴。虽然辛苦，但星辰大海，我心向之。

我的西太之旅

姚振童

从去年就听说今年有个西太航次，一直就想去参加。在我的出海经历中，中国四大海都去过了，还真想走出国门，来一次真正的大洋航次，见识见识大洋的广袤与浩瀚。没想到的是，今年竟然真的可以成行。

等看到航次实施方案才知道，西太航次自2011年后每年都有，以前都是委托给海洋三所来做——2017年的时候我还在厦门，当时有机会参与进来，可惜因故没能去成。但今天看来我与西太的缘分不浅，在三年后还能再续前缘。

出发于青岛的奥帆中心。几年前在青岛上学，现在来出差也算是故地重游。青岛虽是故地，不过疫情原因，哪里都没去，只匆匆上了船。出发那几天，天气都不太好，海上还有雾，毕竟是第一次出大洋，心情还是有些激动，正是：

> 风卷万潮浩汤汤，
>
> 海天一色正茫茫。
>
> 波涛涌跃金鳌背，
>
> 太平洋里寻仙乡。

真的出发后，新鲜劲很快就过去了。和之前的航次差不多，安装固定仪器，搭建实验室，采样作业，都是"标准动作"，重复又机械，熬夜又熬人。

　　印象最深的是 6 月 19 日，作业结束已经凌晨两点多，东十区的天已经蒙蒙亮，反正是睡不着了，和室友宇宁一起去甲板上看日出。"莫道君行早，更有早行人"，没想到隋书记和化德师兄已经在甲板上了，还在实验室忙碌的楠姐和德鹏哥也被叫出来——索性大家都不用睡了——因为景色实在是太美了：彩色的云霞布满了天空，平静的海面仿佛绸缎一般，略有波纹，没有一点破碎，海水也被映成了粉红色。法国印象派画家莫奈于 1872 年在勒阿弗尔港口创作的那幅著名的油画《日出·印象》，评论家说"完全以视觉经验的感知为出发点，侧重表现光线氛围中变幻无穷的外观"。不过画是静态的，而我们看到的景象却是动态的：云彩的颜色在变，光影在变，海天之间仿佛

水彩画，各种颜色都被晕染开来，层次分明，变幻万千。明代正德年间一位日本使臣游西湖后写过这样一首诗：

昔年曾见此湖图，不信人间有此湖。今日打从湖上过，画工还欠费工夫。

莫奈的画虽然被奉为印象派的开山之作，不过真正看到大洋的日出，不禁要补上一句"画工还欠费工夫"。

还有一件特别浪漫的事。7月初，农历五月十六，航次接近尾声，紧绷的精神也放松下来，大家不约而同来甲板上散步，我拿了小桌小凳小零食，听"天文学家"王宇宁讲天蝎座和夏季大三角。不一会化德和德鹏也来了，大家就怂恿他俩把吉他和鼓拿上来，一起唱歌——搞了一次别开生面的演唱会。大船在月光下缓缓前行，我们在甲板上放声歌唱。虽然条件有点简陋，唱歌还跑调，但是胜在自然逍遥。就像书里写的那样：清风徐来，水波不兴。举酒属客，诵明月之诗，歌窈窕之章。少焉，月出于东山之上，徘徊于斗牛之间。

做海洋这一行，出海对我来说是家常便饭。不过这个航次还是让人难忘。古人讲，十年修得同船渡，百年修得共枕眠。古时候交通不便，同船渡也就三五天，我们这个航次有三五十天，我看最少得修五十年。这样一群可爱的人聚到一起相互配合完成一项工作确实是美妙的缘分。希望下次我们还能聚到一起，再喝茶，再饮酒，再来西太！

小视频　人物视频合集

西太的夕阳更炫

隋吉学

　　大洋，对于我，是一个神秘的世界，出大洋航次，是我多年的向往。2003 年，我在科技处当处长，曾经组织过一次西太航次，中心去了好多人，但我自己没去成。干了一辈子海洋，没有出过大洋航次，小有遗憾。没想到退休一年多了，给了我圆梦的机会。

　　我是个晕船比较厉害的人。刚参加工作那一年，在营口鲅鱼圈测流，晕船在甲板上躺了一天。总结会上，领导批评我，晕船不干活，不像个干海洋的人。这次出大洋，心里还是有些恐惧的。上船前刘师兄的话给了我勇气，他说大洋航次，1 周后就没问题了。大概像范闲说的，吐着吐着，晃着晃着，就不晕了，就习惯了。刘师兄不愧为人生导师，说话靠谱！

　　盘点这次大洋航次自己的收获是满满的，圆了去大洋的梦，看了那么多美景，火红的朝霞映红了蓝天和海面，湛蓝的天空上云卷云舒，低空中海鸥自由飞翔，似锦似缎的海面上海豚随船跳跃！去了世界上最深的海沟，而且是中心首批去过马里亚纳海沟的 8 人之一，实地学习了"东方红 3"船许多先进的管理经验，见识了先进的海洋高科技……用美篇记录每天的经历，发表了《西太航次》。在我人生的 2 万多天里，这 38 天，绝对是值得回忆的 38 天。感谢给我这次机会的各级领导，感谢同行并给予我悉心照顾的 7 位小伙伴，感谢牵挂我的家人和朋友们，感谢"东方红 3"船，感谢西太平洋，这片浩瀚神奇的大洋！

西太随笔系列之——

通宵之后的美景

隋吉学

　　西太平洋初夏的某日凌晨 2 点，"东方红 3"船在宁静湛蓝的海面航行着。在 M9 站连续工作 6 小时的海洋中心考察队员们，刚刚结束作业。带着疲惫的身体，大家陆续从实验室回到宿舍准备入睡。由于时差的原因，这里已经开始日出，红彤彤的朝霞慢慢从海面探出头，染红了半边天。红色霞光透过窗户，映入科考队员们的宿舍。大家纷纷起身来到后甲板。顿然，所有人被眼前这美丽的朝霞所吸引，只见火红的朝霞映红了蓝天和海面，湛蓝的天空云卷云舒，海鸥在低空自由飞翔，如此美好的画面……"看这里，有海豚！快看这边，更多的海豚！"，循声而去，似锦似缎的海面上成群的海豚在穿梭，跟随着"东方红 3"船，热情又浪漫！一时间，队员们忘记了疲劳，忘记了困倦，被大自然的美色深深地震撼了，如同西太给予科考队员通宵作业后的恩赐一般。太美了！大洋考察总是会给人们带来意外惊喜的！我爱这蓝色的海洋，我爱我所从事的海洋环境保护事业。

西太随笔系列之——

西太之美

李德鹏

一次深夜作战，采样结束后已是北京时间凌晨两点多，由于站位所在的经度比北京时间早两个小时，所以采样结束后外面天空已经放亮。

初升的太阳如闺中少女，虽已从海平线升起，却仍娇羞地躲在一片云彩后面不肯轻易现身，但她的光辉却收敛不住，从云层中轻轻地流淌出来，天边那一层薄云仿佛画布一般，让这光辉任意挥洒着各种色彩，开始时如浓重的红的橙的油彩画，须臾又渐渐地晕染开来，弥漫出淡紫的渐变色彩，在这天空无限地延展开来。海面没有一点浪花，在太阳和云的光影下，呈现出绸缎一般的质感。天和海是有界的，但在此又完美地融合在一起，此时间美景不可方物。一时间只被眼前美景吸引，工作的疲惫全部丢在脑后。

大洋之美，只在天海之间，光影变幻，每一秒都不相同。或日升日落，霞光五彩斑斓，娉娉袅袅；或万里晴空，蓝天碧海波澜壮阔，相得益彰；就算是乌云密布，海天一色，也是另一种苍凉壮美；只有置身其中才能感受，照片只能得其神韵的十之一二。作为海洋工作者，这种美既是辛苦工作后的一种慰藉，又是投身海洋工作的一种幸福。

西太随笔系列之——

海上望月

姚振童

　　2020 年 7 月初，农历接近五月半，采样作业已经完成，航次接近尾声，紧绷的精神也放松下来。傍晚间，拿上一壶茶，一张几，一方凳，在甲板上静静坐着看夕阳慢慢落下，月亮早早升起。这绝对是一天之中最惬意的时候，抬起头来仰望：从未见过这样完整的天，一点也没有被吞食，边沿全是挺展展的，紧扎扎地把大海罩了个严实，没有一点缺漏。周围静悄悄的，只有海水轻拍着船身，在这样的天地间行走，侏儒也变成了巨人。在这样的天地间行走，巨人也变成了侏儒。

一轮圆月渐渐爬上中天，清风徐来，水波不兴。远处的云彩似乎很低，被微风吹动，恰如歌里唱的"月亮在白莲花般的云朵里穿行……"举目四周，清冷的月光洒在海面，微起波澜，仿佛洒下来许多崭新的硬币，热带闷热的温度似乎也下降了不少。古人云：海月初生称夜良，诚不我欺。

　　海与月，是一对跨越千年的搭档：大海的潮涨潮落恰如月亮的阴晴圆缺都被赋予了悲欢离合的含义，所以才有"海上明月共潮生"之说。古往今来，历朝历代的文人骚客留下无数篇章。宋人有：杳杳璧沉水，亭亭珠在渊，生动隽永。明人有"海波澄彻月轮高，仙客寒生白锦袍"写得仙气缥缈。豁达如苏轼，面对水与月，也有"寄蜉蝣于天地，渺沧海之一粟"的感慨。最著名的诗句还是"海上生明月"：同样是望月怀远，在李义山笔下就是"沧海月明珠有泪"的缠绵悱恻，张九龄却不露一点洒泪悲叹之音，只是温厚淡雅地写下"天涯共此时"。

　　后甲板处的螺旋桨缓缓启动，白色的浪花突突翻滚，大船缓缓行进。更深露重，还是进舱里吧，很快就能回家了：

万里无风浪似平，

沉璧先映月华明。

客舟不有波涛险，

还向故乡自在行。